心理免疫力

『推开心理咨询室的门』编写组 编著

中国纺织出版社有限公司

内 容 提 要

现代社会，每个人都承受着巨大的生存压力，面临着各种各样的困境。为此，有些人选择坚强地应对，有些人却彻底放弃，甚至摆烂，还有些人则心态崩溃。其实，真正的强者拥有心理免疫力，能够在应对各种人生状况时始终保持积极乐观的心态。

心理免疫力与机体免疫力是不同的。本书从心理学的角度，阐述了心理免疫力各个方面的内容，也告诉个体如何通过一些方式，减少不良情绪的产生，或者缓解不良情绪，从而使得心理始终保持稳定平衡的状态，有效预防心理疾病的发生。

图书在版编目（CIP）数据

心理免疫力 / "推开心理咨询室的门"编写组编著
. -- 北京：中国纺织出版社有限公司，2024.6（2024.7重印）
ISBN 978-7-5229-1585-2

Ⅰ. ①心… Ⅱ. ①推… Ⅲ. ①心理学—通俗读物
Ⅳ. ①B84-49

中国国家版本馆CIP数据核字（2024）第066786号

责任编辑：林 启　　责任校对：高 涵　　责任印制：储志伟

中国纺织出版社有限公司出版发行
地址：北京市朝阳区百子湾东里A407号楼　邮政编码：100124
销售电话：010—67004422　传真：010—87155801
http://www.c-textilep.com
中国纺织出版社天猫旗舰店
官方微博 http://weibo.com/2119887771
三河市元兴印务有限公司印刷　各地新华书店经销
2024年6月第1版　2024年7月第2次印刷
开本：880×1230　1/32　印张：7
字数：116千字　定价：49.80元

前言

Preface

通常情况下，我们所说的免疫力指的是机体免疫力，即机体对抗疾病和感染的能力。随着心理学的发展，越来越多的专家和学者深入研究心理学的各个领域，除了钻研各种类型的心理疾病外，也更关注心理健康。心身医学领域渐渐地引入了免疫概念，由此延伸出“心理免疫力”这个词语。

所谓心理免疫力，指的是个体通过一些方式，缓解不良情绪，或者避免产生不良情绪。当心理变得强大，能够消解或者抵消负面情绪和压力等，就能保持稳定且平衡的心理状态，从而有效预防心理疾病的发生。简而言之，心理免疫力就是机体消解心理疾病和不良情绪的能力。也有心理学家认为，心理免疫系统的本质是心理保护系统，是由诸如动机性推理、合理化、自我提升、自我欺骗、自我调节和自我肯定等部分组成的。不管从哪个方面来讲，对于压力巨大、心力交瘁、烦恼诸多的现代人而言，提升心理免疫力都是迫在眉睫的。

不同年龄段的现代人都面临各种压力和困境，例如孩子们需要承受学习的压力，成年人则要面对职场上的各种困境，承担起照顾孩子吃喝拉撒和辅导孩子完成作业的艰巨任务。面对艰难的生活，人难免会出现情绪波动的情况，也会受到很多负面情绪的影响。此外，原生家庭的生活经历也会给我们带来深远的影响，有些成年人即使已经开始了自己的人生，也依然没有从原生家庭带来的创伤性伤害中走出来。综合上述各种原因，我们很有必要深入了解心理免疫力，从根源上找到导致情绪波动的原因。

在这个世界上，没有谁的人生会是一帆风顺的。穷困潦倒的人做梦都想实现财富自由，而真正实现了财富自由的人却产生了其他苦恼；孩子迫不及待地长大以摆脱父母的管教和束缚，等到长大了才发现成年人的世界里更是没有“容易”二字。正如一句网络流行语所说的，“哪有什么岁月静好，只是有人在为你负重前行”。生活的真相本就是残酷的，我们需要做的不是回避，而是勇敢地面对，迎难而上。

每个人应对压力的方式是不同的，解决生活难题的思路也是不同的。面对压力，面对困境，人的反应取决于很多因素的综合作用。当然，我们不能套用他人的模式解决问题，也无须完全听从心理学家的建议。最重要的在于，我们要结合自身的实际情况，降低不良情绪的负面影响，从而从根源上彻底解决

问题。反之，如果选择了不合适的方式应对压力，那么就会大大降低心理免疫力，也会因此导致各种心理异常现象，甚至患上心理疾病。

学习关于心理免疫力的各种知识，不但有助于我们进行自我反省，判断自身的心理状态，而且能够帮助我们及时觉察身边人的情绪状态。现代社会中，很多儿童和青少年因为无法忍受压力而患上心理疾病，遗憾的是，很多父母、老师和同学都没有发现他们的心理异常，最终他们在苦苦挣扎之后做出自残、自杀等极端举动，使生命在最美好的年华悄然陨落，这是令人万分惋惜和痛心的。一直以来，人们都很关注身体上的疾病，而忽略了心灵也会患上重感冒的事实。从现在开始，我们既要做好自己的心理医生，也要当好身边人的心理医生，共同为心理健康构建安全的屏障。

编著者

2023年12月

目录
Contents

第十章 远离抑郁，从原生家庭中拔地而起

第一章

心怀希望，人生才能得到幸运的眷顾

希望不但能够减轻人们的痛苦，而且能够对人生产生神奇的作用。对于学习者而言，希望能够激励他们，使他们充满信心和勇气，战胜学习过程中遇到的各种困难，提升学习成绩；对于职场人士而言，希望能够帮助他们消除疲惫，使他们振奋精神，始终充满动力，斗志昂扬，继续为了创造人生的奇迹而不懈努力。希望使我们始终心怀乐观，哪怕面对坎坷逆境，也依然不屈不挠，全力以赴。著名心理学家斯奈德认为，怀着希望的人既有坚定不移的意志力，又能想方设法地实现目标。

化悲痛为力量

很久以前，有个年轻人从学校毕业后一直没有找到合适的工作，为此郁郁寡欢。后来，他在亲戚的介绍下，去了一家大酒店应聘。他拿着亲戚亲笔写的介绍信，坐在大酒店富丽堂皇的大厅里，等待老板的面试。他环顾四周，认为自己如果有机会留在这家大酒店工作，那简直太幸运了。

然而，他等了很久，也没有等到老板的面试。原来，老板一直在忙着招待大客户，在听到助理通报有年轻人来求职之后，很快就把这件事情忘记了。直到傍晚时分，助理才突然想起来老板还没有面见那个求职的年轻人，因而赶紧来到大厅里查看年轻人是否还在等待。这个时候，年轻人在大厅里枯坐已久，早就已经饿得饥肠辘辘了。助理抱歉地告诉年轻人："不好意思，今天老板实在是太忙了，把要面试你的事情忘记了。现在，老板已经下班了，我想，你只能另找机会来见老板。"年轻人忐忑地问："那么，请问你们这里需要招人吗？"助理微笑着回答："其实，我们这里现在是没有招聘计划的，但是

你有介绍信，所以我不知道老板将会如何回复你。”

年轻人神情落寞地走出这幢雄伟的建筑，暗暗地告诉自己：“既然这里不欢迎我来打工，那么我以后一定要成为这里的老板。”然后，年轻人就迈着坚定的步伐离开了。转眼三十年过去，年轻人居然真的买下了这家大酒店。他告诉最好的朋友，他当年曾经在这里求职受到挫折。好友愤愤然地为他打抱不平，认为这家大酒店错失了最优秀的人才，不想，年轻人却神情淡然地说：“其实，我反而要感谢这家酒店当时的老板，正是他的错过，才成就了今天的我。当时，如果他不是那么忙，真的聘用了我，那么我可能现在正在这家酒店里当管理者吧，顶多也就只能成为中层管理者而已。”

看吧，我们常常会受到打击，但是却不能因此就放弃努力。在这个故事中，年轻人原本只是想找一份工作养活自己，却没想到即使得到亲戚的介绍，也依然没有机会见到老板。这使当时的他黯然神伤。然而，看着豪华的酒店，他突然想到自己未必需要通过应聘的方式成为这家酒店的职员，而是可以换一个角度思考问题，尝试着成为这家酒店的老板。他用了整整三十年完成了自己的梦想，值得钦佩。

古今中外，无数成功者都有自己成功的途径，他们往往有一个共同点，那就是从不畏惧挫折，更不会因为悲痛而自暴自弃。成功者的特质就是，越是遭受挫折和打击，越是能够振奋精神，再接再厉，继续努力拼搏和奋斗。正如人们常说的，成功也许就是失败之后的又一次努力。的确如此，没有人知道自己何时能够获得成功，既然如此，最好的做法就是坚持不懈，锲而不舍。

对待挫折，我们要分两个方面看待。从消极的方面来看，挫折使我们备受打击，让我们消耗信心和耐力；从积极的方面来看，挫折则能够磨炼我们的精神和意志力，使我们排除万难也要实现目标。在这个世界上，从未有人拥有真正一帆风顺的人生，不管生活在社会的哪个层面上，每个人都有各种各样的烦恼和忧愁。真正的强者绝不畏惧困难，也从不害怕，不逃避。他们仿佛是最勇敢的斗士，吹响了生命的号角，向着人生的终极目标前行。记住，生命没有绝境，除非我们自己选择了放弃努力。

正如威廉·詹姆斯所说的，每个人在克服不幸之后，第一步要做的就是完全接受发生的灾难。那么，第二步是什么呢?要记住，如果命运关上了你的一扇门，那么肯定会为你再开一扇窗。所以，你要勇敢地寻找命运打开的窗户，让自己的生命里拥有阳光和清风。

伟大的发明家爱迪生为了发明电灯，尝试了一千多种材料

制作灯丝，进行了七千多次实验。如果不是爱迪生在每一次失败之后继续努力尝试，那么人类就会更晚一些才能迎来光明。爱迪生用尽一生都在发明各种各样的东西，造福于整个人类。有一次，爱迪生的实验室着火了，他的儿子查理斯得知实验室着火，狂奔到实验室寻找他。他原本以为父亲无法承受这样的打击，很有可能会冲入废墟里挽救各种实验器材，却没想到父亲只是面色平静地看着大火熊熊燃烧。看到查理斯，爱迪生说道："查理斯，快喊你的母亲来看，这样的场面可是不容易亲眼见到了。"次日，实验室变成了一片废墟，爱迪生非但没有悲伤欲绝，反而认为火灾独特的价值在于烧尽了所有的谬误，给了他从头再来的难得机会。火灾发生后没多久，爱迪生就创造出世界上的第一部留声机。

从心理学的角度来说，爱迪生拥有功能强大的情绪转换器，所以才能在面对灾难的打击时，从悲观绝望的情绪转化为充满希望的心态。在现实生活中，大多数人一旦遭遇灾难，情绪必然受到影响，所以要学习爱迪生坦然接受那些无法改变的事情，以勇敢者的姿态再次坚强地站起来，屹立不倒。

为了避免被悲伤击倒，我们还可以充实地学习或者工作，也可以参加自己感兴趣的各种活动，让自己没有机会胡思乱想。只有不断地接触新的人，融入新的圈子，接纳全新的事物，我们才能产生新的思想和新的意识。我们应该抓住闪现新思想和新意识的好时机，进行情绪转换。这样才能化悲痛为力量，让人生充满无限的可能性。

坚持积极思考

现实告诉我们，只有坚持积极思考，才能战胜强烈的疑虑，怀有坚强的信念，从而避免受到损害，让自己得到帮助。人的心理是非常微妙的，很容易受到暗示的作用产生各种想法，也因此改变行为。很多心理学家都通过开展相关的研究或者实验，充分证明了这一点。

从某种意义上来看，怀疑其实蕴含着信念。每个人都有两个选择，一个选择是相信自己一定能够获得成功，由此朝着成功努力；另一个选择是相信自己必然会遭到失败，为此不知不觉做出更容易导致失败的事情。究竟做出怎样的选择，也许就在我们的一念之间，但是最终的结果却有着天壤之别。

从前，有个老奶奶每天都愁眉苦脸地坐在家门前。邻居看到老奶奶忧愁的模样，纳闷地问：“老奶奶，今天天气这么好，艳阳高照，你为何总是不开心呢？”老奶奶皱着眉头说：

“正是因为天气好，我才担心呢，因为我的大女儿是卖伞的，天空上挂着大太阳，伞根本卖不出去。”邻居恍然大悟，不由得感慨老奶奶真是为孩子着想。后来，接连几天阴雨连绵，老奶奶依然哭丧着脸坐在家门口。邻居又纳闷地问：“老奶奶，接连几天都下雨，你大女儿卖伞的生意一定很好。”不料，老奶奶说：“哎呀，我的小女儿是开染布坊的，遇到这种阴雨天气，染好的布料根本晒不干，小女儿的生意一定很糟糕。”邻居想了想，对老奶奶说：“老奶奶，这样天气好也发愁，天气糟糕也发愁，可是对身体不好。我建议你不妨换一个角度想问题，你想啊，天气好的时候，你小女儿染布坊的生意好，天气不好的时候，你大女儿卖雨伞的生意好。所以无论是晴朗的天气还是阴雨的天气，你家孩子都能赚钱，多好啊！”邻居话音刚落，老奶奶就转忧为喜。从此之后，老奶奶再也不愁容满面了，天天都喜笑颜开的。

很多人都已经意识到负面想法的危害，但是又很难坚持积极思考。要想改变思维方式，最简单、最直接的方法就是凡事都往好处想。有的时候，困顿我们的并非是外部世界，而是内心。正如人们常说的，心若改变，世界也随之改变。

充满智慧地面对生活

人们每天都有两个非常重要的时刻，第一个时刻是清晨从睡梦中醒来时，第二个时刻是每天晚上准备入睡之前。第一个时刻代表着一天的开始，第二个时刻代表着一天的结束。在这两个重要的时刻里，我们应该充满积极乐观的思想，这样才能度过充实美好的一天。相反，如果清晨醒来就愁眉不展，夜晚入睡时更是唉声叹气，那么我们就不可能真正投入地享受生活，更不可能充实地度过每一天。

俗话说，一年之计在于春，一日之计在于晨。要想度过美好的一年，我们就要在春天辛勤地劳作，在土地里播种，将来才能有个好收成。要想度过美好的一天，我们就要在清晨整理好心情，做好一日计划，这样才能按部就班地过好一整天的时间，保持充实和愉悦。这是生活的智慧。亚伯特·胡伯曾经说过，如果能够在每天上午十点之前都保持好心情，那么一天里接下来的时光也必然非常美妙。

很多人都读过世界名著《瓦尔登湖》，对于作者梭罗也有一定的了解。梭罗曾经独自生活在美丽的瓦尔登湖畔。每天清晨醒来，他首先告诉自己能够活着是最大的幸运，否则就看不到美丽的风景，也无法欣赏夜空中闪烁的群星；也不能闻到壁

炉里的木炭正在散发出的香味，也不能看到人们的眼睛里闪烁着爱的光芒。每当这么想，他都会虔诚地感谢命运的安排，然后才开始井然有序地工作。

和梭罗虔诚地感恩生命一样，诺奇大学的校长贾逊·塞尔每天清晨醒来，也会对着镜子告诉自己，今天肯定会发生令人愉快的事情。然而，即使如此，他也时而会感到颓废和气馁。每当这时，他就会马上停止手头的工作，然后努力地想起那些令人开心的事情，一直到自己感到精神振奋、内心愉悦为止。正是因为善于及时调节自己的情绪，所以他的脸上总是挂着愉悦的微笑，总是绽放着奕奕神采。

作为普通而又平凡的人，我们也要学习梭罗和贾逊·塞尔，每天都保持乐观的心态和愉悦的心情。每天清晨从睡梦中醒来那一刻，沐浴着阳光的我们一定要感受到幸福；每天夜晚遥望着夜空中的繁星，我们应该为又开心地度过了生命中的一天而倍感欣慰。当躺在床上等待入梦时，我们的灵魂要保持平静，回顾一天之后，我们既不要感到遗憾，也不要感到懊悔，因为无论如何过去的一天都已经过去，我们接下来要做的是全身心地享受睡眠，为迎接美好的明天而做好准备。

很多人都抱怨命运不公，坎坷多舛，其实只要调整好心态，以善于发现的眼睛看到生活中的小确幸，我们就能远离抱怨，感恩知足。例如，当清晨迎着朝霞去往学校时，我们应该为自己有机会在窗明几净的校园里读书和学习而庆幸；当夜晚结束一天的工作披星戴月地回家时，我们应该为自己依然有工作可以做，也能赚到一定的钱养活自己和家人而感恩知足。在这个世界上的很多地方，有些孩子失去了家园，失去了亲人，非但没有机会读书学习，就连满足基本的温饱需求都成为奢望。他们饱经战火的摧残和磨难，每时每刻都提心吊胆，危机四伏。还有些成年人尽管很想工作，也不吝啬力气，却因为地域的限制而没有机会找到合适的工作，或者是因为身体的残疾而无法像正常人一样努力生活。和他们相比，我们无疑是幸运的。

在路边，我们有可能嗅到蔷薇花的香气；坐在家里靠窗的桌子旁，我们的胳膊上也许会悄悄爬上一缕缕从窗户投射进来的阳光。在漫长又短暂的一天里，我们只要处处留心，时时用心，就会捕捉到很多美好而又令人感动的瞬间。当终于有闲暇时光去回忆一天时，我们会为这些小确幸而感到甜蜜、美满和幸福。

每天晚上入睡前，艾默生都要做一件事情，那就是彻底地清空心灵，让一整天发生的所有事情都随着夜晚的到来而彻底消逝。对此，艾默生认为，一天之中不管发生了好的事情还

是坏的事情，都应该及时忘记它们，彻底清空心灵。因为如果背负着前一天的事情去迎接明天，那么崭新的明天就会因此而变得沉重起来。既然如此，何必为了昨日的琐事而破坏美好的明天呢，毕竟明天又是崭新的一天，也是美好的一天。

我们也应该学习艾默生，及时地结束一天，在即将成为昨天的今天和明天之间划清界限。要知道，时间如同逝水一去不返，不管我们对于今天发生的事情有怎样的感触，都无法让时间倒流，更无法真正改变什么。所以在一天结束的时候，我们要彻底放下这一天的成败。英国前首相劳合·乔治就是一个懂得告别的人。

有一天，劳合·乔治和朋友一起散步。每当穿过一扇门，劳合·乔治总是要把这扇门关上，然后才继续朝前走去。朋友看到劳合·乔治的举动很纳闷，问道："你为什么要关上每一扇门呢？"劳合·乔治说："我必须关上每一扇门。这是因为在漫长的人生中，我一直都在关上身后的门，这对于我而言非常重要，能够帮助我彻底摆脱过去，也与过去的一切划清界限。要知道，在关门的时候，我相当于把此前的所有经历都关在了门的那边，而我接下来要做的则是朝前走去，重新开始。"

也许正是因为有这样的人生智慧，劳合·乔治才能成为出色的英国首相。即使作为普通人，要想得到快乐，轻装行走人生的道路，我们也要学会与过去的痛快和不愉快告别。从心理学的角度来说，积极的思维不仅仅是一种信念或者是信仰，而是我们对待事物的态度，以及我们赋予事物的意义。在每一个清晨，我们都可以选择以某种态度面对已经开始的一天。在面对每一件事情时，我们也可以选择以更加积极乐观的心态去对待。有人说人生恰如打牌，那么我们对待事物的态度就决定了我们能否抓到一手好牌，或者能否把一手坏牌打好。也有人说人生如戏，那么我们理应成为专业且敬业的演员，这样才能诠释角色，演绎传奇。

何时开始都不晚

现实生活中，总有人抱怨自己没有抓住最好的青春时光，虚度了人生，因而一事无成。这么想的人非但错过了过去的美好时光，也必将错过未来的美好时光。正是因为世界上既没有卖后悔药的，也没有人能够使时光倒流，与其为已经发生的各种事情而陷入无限的懊丧之中，不如从现在开始拼搏进取。要记住，人生不管何时开始都不晚，只有那些一味地怨天尤人、无所作为的人才会陷入人生的泥沼中无法自拔，彻底荒废人生。

古今中外，很多伟大的人物都大器晚成，因而他们的人生经历颇具传奇色彩。在美国，很多人都特别喜欢摩西奶奶，这是因为摩西奶奶创造了生命的奇迹。摩西奶奶原本是普通的农妇，一生之中为了照顾家庭和养育孩子而操劳。直到七十多岁，摩西奶奶才终于有了自己的时间。这个时候，她并没有和大多数老人一样整日无所事事地打发时间，而是拿起了画笔，开始描画美丽的乡村景色和日常的农村生活场景。后来，女儿把摩西奶奶的画作放到商店里代卖，结果有人特别赏识摩西奶奶的画作，还帮助摩西奶奶举办了画展。一辈子都在与土地、家庭打交道的摩西奶奶从未想过直到她将近八十岁时，生命的画卷还会以如此华丽的方式在她的面前展开。

英国前首相丘吉尔年逾古稀时，仍老当益壮，带领英国人民在第二次世界大战中获得了胜利，由此成为世界政坛上举足轻重的人物。当然，除了摩西奶奶和丘吉尔，还有很多名人、伟大的人都是大器晚成的。他们都有一个很明显的特点，即把握当下，从不嫌迟。他们还有极强的行动力，不会因为考虑到很多因素的限制就放弃，而是宁愿排除万难，也要当机立断地行动起来。

很多人会在懵懂地度过生命中的大多数时光之后，突然发现自己根本没有太多的选择空间。其实，选项越是多，越是容易让人眼花缭乱，最重要的是要坚定地做出选择，然后勇敢地去尝试、去实践。

大多数成功者都具有超越自我的热忱，对于他们而言，年龄、时间等外部的限制因素都是踏板，反而逼迫他们当即决断。在生命的历程中，每个人都需要经受挫折和磨难，因为那些负面经历与痛苦经验反而能够不断地淬炼我们的身心，让我们变得更加坚强，充满智慧。还有些时候，人生会在发生一些事情之后出现转折，例如一个十几年来已经习惯了家庭生活的主妇突然遭到丈夫的背叛，被丈夫抛弃，由此陷入了人生中的绝境：她既失去了家庭，也没有工作，还面临着抚养孩子长大的艰巨任务。原本，该主妇以为自己无法承受这样的巨大打击，也不可能熬过这样艰难的时刻，但是，她做到了。她逼着自己变得勇敢且坚强，逼着自己走出家门如同蹒跚学步的孩子一样走入社会，逼着自己勇敢地面对更加糟糕的处境。最终，她实现了人生的逆袭，不但重返职场，事业有成，而且抚养孩子长大成人。还有些人突然遭遇人生的不幸，使得自己从健全的人变成了残疾的人，由此陷入沉沦状态，认为自己不可能继续生存下去。然而，当有朝一日他们终于接受了自己的现状，也认识到自己必须崛起，他们就会选择直接面对不堪的人生。例如，有些人身患绝症，却开始做自己一直想做而没有机会做的事情；有些人因为遭遇车祸而重度残疾，原本以为失去了双

手或者双脚就无法生存，却发现自己的身躯里隐藏着无穷无尽的力量，他们学会了以残缺的躯体应对生活。

在网络上，有个女孩的视频得到了很多人的关注和点赞。她原本是一个非常美丽的年轻女孩，从事幼儿教育工作。有一次，她乘坐爸爸驾驶的电动汽车出行，没想到电动汽车突然着火，她被浓烟呛晕，又因为被安全带束缚没有及时脱离火海。在性命攸关的时刻，她用双手抱住自己的头，双手和小臂都因严重烧伤而截肢，只有被手部保护的头部皮肤没有严重烧伤，因而她还有残留的头发。她的面部也被严重烧伤，即使经过了多次修复和整容手术，也依然面目全非。难以相信这样如花似玉的年轻女孩经历了如此可怕的事情，身心受到了多么严重的打击。但是，她依然顽强地活着。她没有遮挡自己的面容，而是开始以真实面目拍摄视频。她还能唱优美动听的歌，她美妙的歌声与她的容貌形成了鲜明对比。但是，她还活着。她学会了用仅剩的半截小臂给自己穿脱衣服，学会了用脚拆开外卖盒子，用脚夹着筷子吃饭。她又学会了笑，虽然笑容会拉扯她面部的烧伤痕迹，但是她依然努力地笑着。她的笑容是那么美丽，如花朵般绽放。

不管人生因为什么原因出现转折，我们都要学会重新开始。任何时候，都不要以晚为借口放弃努力，只要我们始终坚持，人生就会出现奇迹。每个人都要为自己的人生负责，都要坚持努力到人生的最后时刻。就从现在开始做你想做的事情吧，你将会创造奇迹。

心怀希望，自强不息

每个人都要充分相信自己，这样才会具备能力开展一切活动，也才有勇气探索那些对自己而言完全陌生的领域。人生的乐趣，正在于体验。在世界上，很多人都被称为天才，实际上他们并非天赋异禀，也并非只精通某件事情，他们最大的特点在于朝着未知进发，不因为任何原因而选择逃避或者放弃。例如，电灯之父爱迪生一生之中进行了很多发明，哪怕遭遇失败也从不放弃。再如，贝多芬作为伟大的音乐家，在双耳失聪的情况下依然坚持创作，绝不向厄运缴械投降。此外，伟大的画家达·芬奇具有顽强的精神，他画了无数个蛋，才能掌握绘画艺术和技巧，成为举世闻名的画家。还有很多杰出的领袖人物也是自强不息的。例如，林肯在当选美国总统之前，做生意破产，从政总是落选，还经历了未婚妻去世的沉重打击，但是他从未彻底沉沦，而是继续尝试，坚持不懈地努力，最终入主白

宫，成为美国的总统。再如，丘吉尔是英国前首相，他在学生时代严重口吃，根本不敢当众发言，但是他勇敢地锻炼自己，从演讲开始做起，最终成为伟大的政治家和演讲家，也带领英国民众赢得了第二次世界大战的胜利。

心理学家经过研究发现，大多数人的先天条件相差无几，之所以有的人出类拔萃，有的人默默无闻，是因为前者充满勇气。所以作为普通人的我们如果想活出与众不同的人生，就要彻底敞开心扉，坚持走从未有人走过的道路，也敢于做从未有人尝试的事情。实际上，每个人都有无穷的潜能，重要的是把握合适的契机，激发自身的潜能，创造生命的奇迹。

遗憾的是，大多数人都是贪图安逸的，他们不敢创新和改变，认为与其冒险尝试，打破现有的局面，不如苟且偷生，至少还能保持安稳的状态。殊不知，时代发展的速度越来越快，整个社会都处于日新月异的变化之中，一个人如果不能做到主动进取，就会被时代抛弃，也会被他人超越。正如人们常说的，人生如同逆水行舟，不进则退。

我们应摒弃安于现状的观点，不要畏惧会带来很多不确定因素的改变。若我们认为自己很脆弱，那就无法承受各种打击，更不敢积极地做出改变。现代社会中，新鲜事物层出不穷，很多领域都要求我们求新求变。而那些拒绝改变的人，很快就会被时代远远地甩下，也会被原本同行的人远远地落下。所以哪怕身处逆境，我们也要坚定不移地相信自己，要全力以赴地战胜困难。越是面临新鲜的境遇，越是面对坎坷的困境，我们越是要振奋精神，勇敢面对。否则，我们一旦对厄运缴械投降，一旦对各种挑战畏缩不前，就会一蹶不振，甚至精神崩溃。当我们改变心态，把各种未知因素看成是生活的调味剂，那么我们就会更加知足，更加感恩。

有人说，人生是一场旅程，这场旅程之所以对每个人都充满吸引力，关键在于它充满未知，会给人带来无限的惊喜。当然，实现这一点的前提是积极地尝试新鲜事物，勇敢地探索陌生的地方，这样才能有全新的体验，看到未曾被人看到的风景。例如，当遇到外国友人求助时，哪怕英语水平欠佳，我们也可以努力告诉对方如何去往目的地。每个人都要积极主动地帮助他人，也许会开启一段美好的缘分。面对坎坷境遇，我们也要迎难而上，努力尝试，这样才能开创人生的崭新境遇。

很多人不管做什么事情都必须找到充足的理由说服自己，否则就会打退堂鼓，认为自己根本不该做某件事情。实际上，正是这样消极的想法束缚了我们的心灵，限制了我们的脚步。任何时候，我们都可以做自己想做的事情，而不必刻意找理由。例如，在心情烦躁或者兴致高昂时来一场说走就走的旅行，在感到无聊时花费很长时间观察蚂蚁搬家，在下雨的时候听雨，在起风的时候看风……没有人规定该如何度过这一生，每个人只需要顺从自己的内心，选择自己喜欢的方式度过人生。记住，你之所以做某件事情，最重要的原因就是你喜欢去做，你愿意去做。即使已经进入人生的暮年，生命的曲线开始下行，我们也依然可以满怀热情，质朴天真。虽然生命的自然规律使我们的精力不再充沛，但是我们却可以决定自己的感情依然饱满，激情依然高涨。正如《易经》所说的，“天行健，君子以自强不息”。任何时候，只要心怀希望，自强不息，我们就能创造更加美好的明天。

第二章

战胜困难，人生终会迎来曙光

人人都希望人生顺遂如意，远离痛苦和磨难。殊不知，对于生命而言，痛苦和磨难是必不可少的，也是有重要意义的。人总是在不断成长的，只有亲身经历痛苦和磨难，才能汲取教训，积累经验，也才能让人生变得更加厚重，收获幸福。

把危机转化为契机

在生命的历程中，谁也不知道明天和意外哪个先来。因而，人人都要做好应对危机的准备。通常情况下，生活每时每刻都处于变化之中，既有无处不在的压力，也有不期而遇的动力。心理学家经过研究发现，生活的压力主要来源于以下几个方面：重大事件、小小不如意、灾难性事件、各种持续存在的社会事件、过度追求完美。由此可见，所有人都承受着不同的压力。那么，如何应对压力，在某种程度上决定了不同的人能够拥有怎样的幸福和满足。

很多人都惧怕压力，认为压力只会带来负面的作用和影响。其实不然。从辩证的角度来看，压力既会产生负面作用，也会产生积极的作用和影响。在压力的促使下，人们会主动改变自身的缺点，完善自身的不足，还会想方设法提高自身的能力和水平。因为承受适度的压力，人会更大限度激发自身的潜能，变得越来越成熟。尤其是在商场上，很多成功的企业家在分享经验时，都会提到自己曾经的艰难奋斗历程，也认为正是那些所谓的苦日子

成就了他们。俗话说，穷则思变，正是这个道理。一个人越是生活得困顿不堪，越是需要积极地寻求改变。反之，一个人如果生活得顺遂如意、安逸舒适，那么就会始终停留在舒适圈里，而不愿意轻易改变。从这个意义上来说，很多所谓的绝境和危机，恰恰是人生的转折点和迎来生机的绝佳契机。

面对危机，我们与其感受到压力，不如透彻分析危机。所谓“危机”，一个是“危”，另一个是“机”。所谓“危”，代表着危险，而“机”则代表着机遇，说明危险中蕴含着机遇。由此一来，我们可以想到，应对危机最好的方式就是冷静理性，把握其中的机会。现实生活中，很多人更关注危险，而忽视了机会，为此他们只感受到压力，而没有感受到动力，更不可能抓住危险中蕴含的机会。很多人都因此钻了牛角尖，感受到巨大的压力，产生了诸如焦虑、紧张、愤怒、抱怨等负面情绪，这对于解决问题是没有好处的。

大海会涨潮落潮，人生也会起起伏伏。面对挫折和不幸，与其被压力压得喘不过气来，不如收拾好心情，重新来过；与其怨天尤人，让自己心绪低落，不如勇敢面对，积极行动。面对命运的馈赠，我们要感恩知足；面对命运的磨难，我们也要从容应对。人生正如大海一样有高潮也有低谷，有幸运也有不幸。与其怨声载道，抗拒抵触，不如把各种不如意，甚至是磨难和打击当成人生中理所当然存在的一部分，这样才能端正心态，从容不迫地应对。

正如西方国家的谚语所说，幸与不幸就像是一根棍子的两头，当我们拿起生活的棍子，幸与不幸就会相伴而来。中国也有一句谚语表达了相似的意思，即“甘蔗没有两头甜”。如果把人生比喻成甘蔗，那么必然有一头充满甜蜜，而另一头则没有那么甜蜜。既然如此，我们就不要挑剔和苛责人生，而是要看到人生的两面性，在承受各种磨难的压力时，也能够从容地享受人生的小确幸，获得幸福与快乐。

在这个世界上，没有人能完全避开不幸，而只收获幸福。只有怀着坦然的心境面对人生的各种境遇，我们才能承担起各种各样的压力，而且始终保持乐观向上的心态，哪怕嘴巴里正在咀嚼黄连，也不会皱一皱眉头。面对人生，我们未必需要有大智慧，却要能够脚踏实地，本分进取。俗话说，天无绝人之路。面对不如意的人生，我们只要坚持不放弃，那么人生就没有真正的绝境。

面对压力，还要学会转换，这样压力才能变成动力，变成助力。其实，人的潜能是很强大的，大多数人只表现出自身的少部分能力，因为各种原因隐藏了自己的真实能力。一旦遭遇危急的情况，人的潜能就会被激发出来，创造奇迹，闯过难关。

挫折是人生的试金石

在生命的旅程中，每个人都有可能遭遇挫折和磨难。有的人勇敢地面对打击，绝不气馁，再次坚强地站立起来，屹立于天地之间。他们最终度过了最难熬的生命时光，迎来了春暖花开和柳暗花明的美好时刻。然而，有的人哪怕只是受到小小的打击，或者有小小的不如意，就会一蹶不振，怨天尤人。由此，他们沉沦下去，彻底放弃努力，也会常与厄运相伴。

失去双脚的人，与其整夜哀鸣，不如想一想还有些人失去了双腿，这样就会意识到自己其实还是很幸运的，也会鼓起信心和勇气继续行走人生之路；有些人总是抱怨自己失去的太多，而得到的太少，为此对于人生怨声载道，挑剔苛责，直到失去更宝贵的健康、亲情、爱情等，他们才恍然大悟自己未曾好好珍惜。

在某医学院里，有一位教授奉命调查接线员的健康情况，因而对很多接线员进行采访。在采访了很多接线员之后，他发现有个负责接线工作的女工命运特别悲惨，但是她却很快乐。

女工的原生家庭特别不幸。她的父亲是做苦力的，她的母亲还是少女时就生了她。因为无法忍受贫困的生活，母亲总是和父亲吵架，有的时候还会大打出手。然而，这并不能改变他们生存的现状。母亲一共生了九个孩子，其中四个孩子都早早地死去了。在她三岁那年，父亲不堪忍受生活的重担，狠下心来离家出走，抛妻弃子，一去不返。法院认为，母亲不适合继续抚养孩子们，为此把孩子们送到孤儿院里生活。就这样，年仅三岁的她在各家孤儿院里辗转，艰难地活着，一直到十三岁那年，她才离开孤儿院去有钱人家当女佣。

十六岁那年，她不再当女佣，而是开始做其他工作。为了养活自己，她频繁地换工作，间或也会和年纪相仿的男性恋爱。又过去七年，她进入电话公司，开始做接线工作。二十六岁，她嫁给了一个维修工。令人遗憾的是，她的丈夫体弱多病，而且神经质，因而一年之中大多数时间里都只能待在家中，由她养活。她就这样照顾丈夫二十多年，直到她丈夫去世，他们一直没有孩子。丈夫去世之后，她孤身一人，继续当接线员。转眼之间，又过去十多年了。算起来，她已经当接线员三十多年了。和其他同事动辄换工作相比，她坚守接线员的工作三十多年，深受同事的喜爱，而且身心健康，对待生活积极乐观。这是为什么呢？要知道，在所有人中，她明明是最有资格喋喋不休、抱怨不停的。

从客观的角度来看，接线是特别枯燥乏味的工作，为此很多接线员的健康状况都不好，他们不但有各种身体上的疾病，

还患上了一些心理疾病。那么，在长达三十多年里一直从事接线工作，出生于悲惨原生家庭的女工是如何做到心平气和，甚至心情愉悦的呢？这是因为她对一切都安之若素，坦然接受。该教授经过调查和研究发现，大多数接线员的原生家庭境况都很不错，他们自身也接受了一定程度的教育。正是因为如此，所以他们心不甘情不愿，不想继续从事接线员的工作。与那些对待工作和人生现状不满的同事相比，这个女工则因为经历过更糟糕的生活，而且自知学历不高，所以为自己拥有这样一份安稳的工作而庆幸和感恩。哪怕丈夫在漫长的岁月里一直生病，需要她赚钱养活和细心照顾，而且并没有与她生儿育女，她也依然感恩知足，毫不抱怨。由此可见，一个人如何评价他正在经历的人生，与他本身看待人生的态度密切相关。

从前，有个儿科医生因为一次意外失去了双腿，起初，他根本无法接受这个残酷的事实，因而几次三番寻死觅活，不想以这样的残缺躯体生活下去。但是，经过了一段时间的心理调整，他终于认清楚现状，也意识到自己哪怕失去了双腿，也依然可以做很多事情。为此，他振奋精神，穿着量身定做的假肢，驾驶残疾人专用的汽车，去医院里为病人诊断和治疗疾病。每当看到那些心急如焚的父母们终于露出微笑，如释重负时，他就特别有成就感，也更加坚定不移地要成为一名优秀的儿科医生。

其实，每个人都有各种各样的缺陷和不足。有些人心理上有隐疾，从外表上压根看不出来，自己却饱受折磨；有些人身体上有残缺，但是能够自理，或者是战胜身体的束缚，做想做的事情。伟大的科学家霍金只剩下几个手指头能动，依然坚持为科学事业的发展贡献力量。和霍金相比，大多数人都是特别幸运的，毕竟还能走能跳，还可以自由地书写。

现代社会中，很多人迫于生存的压力，或者畏惧未知的未来，因而选择结束生命。很多旁观者对此很不理解，忍不住问道："连死都不怕，还害怕活着吗？"的确如此，当一个人可以接受生命的戛然而止，那么也应该能够以更好的方式努力活下去。

记住，要想获得成功，就必须踩着失败的阶梯努力向上攀登，就必须从绝望中振奋精神，让自己成为真正的强者。在这个世界上，并没有真正的绝境，只要我们心怀希望，就总能改变看似进入死胡同的现状，就总能熬过最艰难的时刻，迎来柳暗花明。既然我们能够满心喜悦地迎接成功，那么就要做到坦然自若地面对失败。

塞翁失马，焉知非福

从前，有个人住在边塞，以养马为生，人称“塞翁”。有一次，他无缘无故地少了一匹马。在当时，马可是很贵重的财产，得知塞翁丢失了一匹马，邻居们纷纷赶来安慰他。不想，他却说：“丢掉一匹马看似是厄运，也有可能是好运呢！”听到塞翁的话，邻居们都以为塞翁心疼丢失的马却不好意思说，因此全都摇摇头。

几个月之后，塞翁丢失的马带着一匹胡人的骏马回来了。得知塞翁不但失而复得自己的马，还白白得到了一匹胡人的骏马，邻居们又都恭贺塞翁：“塞翁，你可真是好福气啊，这几个月都不用养着马，节省了多少草料啊。关键是，现在你还白得了一匹骏马。”面对邻居们的道贺，塞翁说：“无缘无故得到一匹马，谁知道是好事情还是坏事情呢？”邻居们暗暗想道：“这个老头白得一匹马，这会儿心里肯定正在偷着乐呢，却要说有可能是灾祸，真是故弄玄虚。”

塞翁的儿子骑着胡人的骏马去集市上玩。不想，马突然受到惊吓，塞翁的儿子被从马背上甩下来，摔断了腿。得知塞翁唯一的儿子摔断了腿，邻居们赶紧跑来探望，他们纷纷安慰塞翁：“哎呀呀，这可真是天降横祸，谁能想到从小就在马背上长大的孩子会被摔下来呢！”塞翁面色平静地说：“摔断了腿，说不定是福报！”邻居们都说塞翁因为儿子受伤伤心过度，糊涂了。

一年之后，胡人入侵边塞，村子里所有的成年男性都应征入伍，去了战场。战争特别惨烈，大多数男性都死在了战场上，再也回不来了。塞翁的儿子因为摔断了腿，走路一瘸一拐的，所以不用参军。而塞翁呢，也因为年纪太大，还有独生儿子需要照顾，所以侥幸逃过征兵。就这样，塞翁和儿子相依为命，都好好地活着。

从塞翁失马的故事我们不难看出，有些事情看似是好事，却有可能伴随着厄运；有些事情看似是坏事，却有可能给我们带来福报。所以不管面对什么事情，都不要只从单方面考虑，而是要看到任何事情都既有好处，也有坏处，因而要以辩证唯物主义的眼光理性分析和看待。

现实生活中，我们常常会为一些人或者事情而烦恼，却无法摆脱。其中，有些糟糕的事情还会长久地困扰我们，使得我们感受到自身的无能为力。其实，很多事情受到多重因素的影响。对于那些主观能够改变的事情，我们要有意识地调整自己的心态；对于那些无法改变的外部因素，我们则要学会接受。哪怕真的遭遇厄运，我们也不要一蹶不振，颓废沮丧，而是要积极地想办法勇敢地面对，还要想方设法地避免再次发生相似的情况。

有这样一个神话故事。从前，有个神要派一位年轻的勇士拯救人类。为此，他降临凡间，使一位年轻美丽的女孩怀孕，然后他就回到天庭。孩子出生之后茁壮成长，母亲始终没有告诉孩子他的父亲是无所不能的神。孩子很好奇，经常询问母亲这个问题。等到长大成人之后，孩子决定去寻找父亲，解开心中的谜题。

可想而知，在寻找父亲的过程中，孩子遭遇了很多艰难险阻。但是，只要一想到自己有可能见到亲生父亲，他就充满信心和勇气，排除万难。在战胜困难的过程中，他的力量不断增强。在经历很多磨难之后，他终于如愿以偿地找到了亲生父亲。得知父亲要给他一项艰巨的任务——拯救人类，孩子高兴地接受了。

父亲拿出一副神奇的弓箭送给孩子，孩子佩带好弓箭就重返人间，准备消灭祸害人间的恶魔。他很清楚，唯有完成这个伟大的任务，他母亲和其他人类才能过上幸福的生活。

踏上旅程没多久，孩子就遇到了魔鬼饥饿。他马上举起弓箭，想要射杀饥饿。然而，饥饿问孩子：“你确定要消灭我吗？人类因为感到饥饿才出门打猎，才品尝各种食物。如果世界上再也没有饥饿，他们就无须四处觅食，而只会躺在山洞里奄奄一息，等待死亡降临。”孩子认为饥饿说的话很有道理，毕竟是因为有了饥饿，人们才会越来越健康。为此，他迟疑了，最终决定放过饥饿。

后来，孩子又遇到了魔鬼冬天。孩子心想：人类最怕的就是寒冷和黑暗，我只要消灭冬天，人类就不会再感到寒冷了。这时，冬天说道：“虽然我给人类带来了寒冷和黑暗，但是如果没有我，河水就会干涸，庄稼就会枯萎，动物也会渴死。要是没有我，美丽的春天就失去了肥沃的土壤，更不会绽放百花。”孩子陷入了沉思，认为世界上的确有冬天比没有冬天更好，为此他决定放过冬天。

孩子告别冬天，继续寻找魔鬼，很快，他遇到了苦难。他当即高兴地拿出弓箭，冲着苦难喊道：“饥饿与寒冷对人类都有用处，唯独你对人类绝不友好，毫无用处。”苦难对孩子说：“你错了，人类不能少了我。如果一直生活在安逸的环境里，人类就不会有任何进步。正是因为有我的存在，人类才不得不坚持学习和成长，才能积累更多的经验和教训，以避开危险。如果没有我，人类反而会轻易丢掉性命。”孩子认为苦难说得也很有道理，因而与苦难结交朋友。

这个时候，他意识到与其试图消除各种恶魔，不如与这些恶魔成为朋友，学会如何正面地利用这些恶魔，创造幸福美

好的生活。作为普通而又平凡的人，我们固然渴望生活是一帆风顺的，却也要认识到生活的本质就是充满各种磨难。面对磨难，与其抱怨，不如感谢；与其逃避，不如面对；与其迟疑，不如坚定。就像毛毛虫需要自己破茧而出才能成蝶一样，人也需要经受磨难才能成长。

第三章

与其怨天尤人，不如坦然应对

面对生活，如果不愿意为某件事情承担责任，那么你就会抱怨责怪，把责任推卸给他人，或者如同鸵鸟一样把自己的头藏起来，假装眼不能见、耳不能听。实际上，这只是暂时逃避了责任，对于从根本上解决问题没有任何好处。抱怨除了能够暂时为自己开脱，把责任归结于外部的人和事情之外，没有任何作用。可以说，抱怨是非常愚蠢的行为，也是应对各种状况最糟糕的方式。

与其不满，不如同情

俗话说，人生不如意十之八九。在生命的漫长历程中，我们不可能对所有事情都感到顺心如意，最重要的在于，面对不如意的事情，采取怎样的态度和行为。其实，不满只会使人抱怨，当我们能够把不满升华为同情，且怀着更为积极的态度尝试做出改变，主动地付出，那么我们很有可能对一些事情更加满意，也会因为自身的努力而获得成就感。需要注意的是，人人都为成功而欣喜若狂，感到满意，赞不绝口，但是很少有人看到成功背后所隐藏的努力和长久以来付出的辛苦。

短暂的努力无法赢得真正的成功，要想得到成功的青睐，要想获得成功的结果，我们就要不断地积累努力，持之以恒地突破和超越自我。在社会生活中，不管是在哪个领域，真正有所收获的人，一定都曾经埋头苦干，辛勤耕耘。对于他们而言，成功不是靠祈祷得来的，而是在努力之后水到渠成。也许有人会说，付出了也未必会有收获。的确如此。这是因为能否获得收获受到很多因素的影响。我们必须意识到的深刻道理

是：付出了未必有收获，不付出绝无收获。既然如此，我们何必要浪费宝贵的青春时光呢？只有把更多的时间和精力投入自己想做的、该做的事情中，我们才能如愿以偿获得成功，才能奔向目标。

人们常说，越努力，越幸运。当发现自己虽然努力了，却没有获得想要的结果时，我们要做的不是怀疑努力的价值和意义，而是要反思自己努力的程度够不够大，坚持的时间够不够长。对于任何人而言，自己才是最大的敌人。很多情况下，我们自身的发展也许会受到外部环境的限制，但是只要坚持实现目标，不忘初心，我们就能想方设法地突破限制。从这个意义上来说，外部环境对人的限制是有限的。与此相对应的是，自身是否具有充足的动力，才是决定我们最终能否获得成就、获得成功的关键。

俗话说，不忘初心，方得始终。一个努力向上的人，总能找到方法克服困境，总能以积极的行动战胜各种困难，所以关键在于一定要确立远大的目标，这样才能得到目标的指引，始终保持正确的方向。从现在开始，不要再抱怨和不满了，与其为自己得不到的东西哀叹，不如为自己已经拥有的东西感恩；与其抱怨不公，不如抓住危机中隐含的机遇，全力以赴奔向美好的未来。对于一个彻底自我放弃的人而言，自甘堕落是他们人生的常态。这样的人即使置身于良好的环境中，得到各种便利的条件，也未必能够抓住机遇，积极进取，直至获得成功。

自私、虚荣、嫉妒、堕落等都是人的本能和天性，哪怕是那些成功者也会受到这些天性的影响，因而限制自身的成长和发展。真正的强者未必占据得天独厚的条件，未必拥有贵人相助，未必得到了千载难逢的好机会，但是他们一定是能够战胜自己的。不要认为成功遥不可及，也不要认为通往成功的道路注定布满荆棘。当我们从自身出发，坚持自我完善，坚持自我成长，也能做到脚踏实地地前行，这样，世界上就从未有脚步不能到达的终点，也不会有不能翻越的山巅。

古人云，“千里之行，始于足下；九层之台，起于累土”，正是这个道理。对于普通人而言，制定好高骛远的目标只会徒劳地打击自己，最重要的是从本身的实际情况出发，一步一个脚印地坚持成长和进步。我们无须和他人比较，因为每个人的情况都是不同的，我们只需要和自己比较，只要坚持每天进步一点点，那么日积月累下来就能取得质的飞跃。

从古至今，很多人怀才不遇，时常抱怨他人，抱怨环境，抱怨社会，从未想过自己可以换一个角度看待问题，可以采取新的姿态卓有成效地努力。无论是谁，持续积累的抱怨都会使

得生命阴云遮蔽，不见天日。只有彻底清空自己的心灵，消除内心的苦恼，坚持心平气和地对待生命的所有境遇，我们才能以积极的姿态面对人生，拥抱未来。

从某种意义上来说，失败是另一种形式的成功，遗憾则恰恰是激励我们继续努力、再接再厉的动力。如果把人生比喻成大海，那么永远不要奢望人生会风平浪静。大多数时候，海面上总是波涛汹涌的。当挫折和苦难如同绳索一样紧紧地捆绑和束缚我们，我们最需要做的就是心怀希望，微笑面对，不到最后时刻绝不放弃挣脱绳索的努力。

对于任何人而言，成功未必是骄傲的资本，努力却一定是骄傲的资本。我们之所以努力、拼搏，不是为了赢得他人的喝彩，而是可以在生命即将走到尽头时，无怨无悔地说："我尽力了，我没有遗憾"。只有始终坚强乐观的人才能走过人生困厄，驱散人生阴霾，迎来阳光普照的新世界。

知足常乐

现实生活中，很多人之所以常常感到不满，与苦恼相伴，恰恰是因为他们不懂得知足。所谓知足常乐，告诉我们一个人不管过着怎样的生活，拥有得是多还是少，都必须知足，才能与快乐常相伴。很多人尽管过着清贫的生活，却不因为物质的匮乏而怨天尤人，也不因为拥有得太少就怨声载道。相反，有些人即使特别富有，在物质上极大丰富，也依然会为自己得不到某些东西而消沉颓废。在世界上的很多地方，还有些人饱受战争的摧残，生命随时面对威胁，也有些人吃不饱，穿不暖。和他们相比，我们生活在和平年代，过着衣食无忧的生活，还能守着家人，有一份可以用来养家糊口的工作，这是多么来之不易，应当珍惜啊！

人生，就像在爬山，低头往下是俯视，仰头往上是仰视。我们既不要一味与不如自己的人比而盲目乐观，也不要一味与超过自己的人比而盲目悲观。只有找准自己的位置，意识到自己正处于人生的半山腰，还有很多机会努力奋斗，获得想要的生活，我们才能适时适度地努力，中肯地评价自己现有的生活。

近年来，很多城市都会公布居民人均收入。看到人均收入的官方数字那么高，很多人都会调侃自己给所在的城市拖后腿了。其实，如果不知道人均收入，不知道自己的收入低于人均收入，我们是不是也觉得生活得很快乐呢？我们每天都有地方住，有可口的饭菜吃；虽然工作很累，但是总有休息的时间；随着工作的时间越来越长，不但有带薪年假，还有涨工资的可

能。所以，我们没有必要和他人比，只要自己感到满足就好。即使真的要比，也要和自己比，只要确定自己一直在进步，这就是很好的人生状态。

幸福的人生未必需要锦衣玉食。每天清晨上班的路上，听一听小鸟的鸣叫声，看一看朝霞；每天傍晚下班的路上，吃个美味可口的路边摊，看看天上云卷云舒，这都是生命的小确幸。正如一位名人所说的，“这个世界上并不缺少美，缺少的只是发现美的眼睛”。同样的道理，这个世界上也并不缺少幸福，缺少的只是能够感受幸福的心灵。那些顶级富豪不一定会感到幸福，但是一个贫穷的乞丐却有可能因在寒冷的冬天里找到遮风避雨的地方睡觉而感到幸福。由此可见，幸福与绝对的物质和金钱没有关系，而只是每个人心底里对于人生不同的期望和感受。人们常说，期望越大，失望也就越大，其实，期望越大，满足期望也就越难，所以就更难通过满足期望而获得幸福。

面对未来的发展，我们应该有大格局，有开阔的心胸；面对幸福，我们应该有小小的敏感心灵，善于捕捉生命中的每一个感动瞬间。现实生活中，很多人都觉得自己很穷，这种感觉从何而生呢？归根结底，是因为他们把自己的生活与有钱人的生活进行了比较。正如美国著名的笑星比林斯所说的，已经致富的人往往比正在做着发财梦的人更苦恼。

要想感恩知足，我们必须意识到自己其实很富有，拥有很多别人不曾拥有的东西，也拥有很多值得感谢的东西。例如，对那些亿万身家却陷入失眠困扰中的人而言，我们一晚上的酣睡就是他们的幸福；与那些亿万身家却身患绝症的人相比，我们这一刻的健康就是他们的幸福；与那些因为各种灾难和意外而失去至亲之人的人相比，我们能够与至亲之人一起吃饭、嬉闹甚至是争吵，就是他们的幸福。人们常说，失去了才懂得珍惜，这句话告诫我们不要等到失去才追悔莫及，而是要在拥有的时候就加倍珍惜和感恩。

在这个世界上，不同地方的人过着不同的生活，当我们为一些无关紧要的事情而烦恼时，有些人正在胆战心惊地躲避随时可能击中他们的炮弹；当我们因为饭菜不可口而抱怨时，有些人正在忍饥挨饿，因而饥肠辘辘。没有人应该拥有什么，也没有人应该失去什么。每时每刻，我们都要拥有一颗感恩知足的心，这样才能与幸福快乐常相伴。当觉得自己不够富有时，不妨想一想那些更加贫穷的人。

真正的财富，不是拥有多少金钱，也不是占有多少物质，而是收获了多少幸福与快乐。很多人还抱怨自己的国家不好，盲目地崇洋媚外，仿佛就连国外的月亮都比国内的月亮更圆。然而，到了危急时刻，看到国家为了保护老百姓而付出的努力

和代价，他们就会知道世界上唯一的好地方就是自己的祖国。当历经千难万险重回到祖国怀抱的那一刻，他们忍不住激动地扑倒在祖国的大地上，献上自己热情的吻。

正如古罗马著名的戏剧家和哲学家塞内卡所说的，真正的穷人不是物质匮乏的人，而是欲望太多的人。在日复一日的生活中，我们渐渐变得麻木，失去了感知幸福的能力。回到家里，打开塞满食物的冰箱，喝着洁净的水，洗着令人通体舒泰的热水澡，吃着家常的美味饭菜，这就是幸福。每天清晨，迎着朝阳，上学的孩子去学校，上班的成人去单位，度过充实的一天，这就是幸福。日常生活的每一件小事固然是日复一日的琐碎，却也代表着岁月静好的幸福，与其等到生活发生重大变故时才想到这些重复的日常就是幸福，我们不如从现在就意识到幸福的真谛，珍惜寻常的生活。

与自己和解

对于那些正在被金钱困扰的人而言，他们所理解的满足就是获得足够支配的金钱，实现真正的财务自由。然而，等到真正有一天发了横财，一夜暴富，实现了金钱消费的自由，他们就会发现幸福远远不止拥有金钱这一条标准。换言之，在幸福的诸多标准中，获得金钱也许是最容易实现的一条了。金钱能买来豪宅，却买不来充满亲情的家；金钱能买来鲜花，却买不来真正刻骨铭心的爱情；金钱能买来药品，却买不来健康；金钱能买来闲暇，却买不来欢乐；金钱能买来陪伴，却买不来真正的朋友……既然如此，已经拥有家、爱情、亲情和友情的我们，又何必为了没有足够的金钱而陷入苦恼之中呢？

人生中，很多人之所以愁眉苦脸，不知满足，是因为他们始终在与自己较劲，而从未与自己和解。人是有执念的。当受困于执念，我们总会逼迫自己完成并不那么重要的梦想和目标，仿佛唯有如此才算是给了自己交代。

现实生活中，有些人陷入了与他人的攀比中，当看到身边有人从小房子换成大房子，或者从大房子换成别墅，他们马上也动了心思，想要和那些人一样住豪宅。殊不知，即使竭尽全力置换了豪宅，却因此而不得不全家人节衣缩食，勒紧裤腰带生活，就连放肆地吃一顿好吃的都不能做到随心所欲，那么这样的生活还有什么意义呢？不管房子多么大，每个人只需要一张床睡觉，而一日三餐却是必不可少的，只有吃饱吃好才有健康的体魄。由此可见，食是应该排在最前面的。还有些人看到身边有同事、朋友换了豪车，也不自量力地换豪车，为此连每

次保养的费用都要刷信用卡，可谓是打肿脸充胖子，除了面子好看，其他的一无是处。毕竟我们的生活不是呈现出来给他人看的，而是要自己亲身体验的。

在电影《天堂门票》中，也讲述了这个深刻的道理。一对夫妇因为生活压力太大而离婚，为了阻挠大学刚毕业的女儿嫁给巴厘岛上的海藻农民，他们改变一见面就争吵的相处模式，一起赶去巴厘岛试图阻止女儿嫁给海藻农民。在巴厘岛生活一段时间之后，他们终于被女儿和海藻农民的爱情感动，真诚地祝福女儿和海藻农民结婚。等到女儿的婚礼结束后，他们一起搭乘小船准备离开时，不由得对巴厘岛流连忘返。他们原本想要等到过一段日子来到巴厘岛生活，却突然想到此刻就是最好的开始，因而一起跳入海里，想要游回巴厘岛，继续浪漫美好的生活。

不要把人生中一切美好的事物都无限延迟下去，最好的时刻就是当下。当向往某一种生活时，我们与其给自己开出空头支票，不如从当下这一刻就开始理想的生活。人生经不起等待，我们要做的就是马上与自己和解，既不要因为已经发生的事情而懊丧，也不要因为还没有发生的事情而焦虑紧张。活在当下，我们才能把握当下的幸福，才能全身心投入地享受当下的美好。

面临压力，很多人都笑不出来，其实，微笑是人生最美好的表情。当我们假装微笑，心情就会真的变好；当我们发自内心地微笑，就连阳光都会变得灿烂。

实际上，人生中的很多事情都取决于我们的态度，即使和事实相比，态度也是更加重要的。只可惜很多人都本末倒置了，一心一意地追求学历，追求财富，追求成功，甚至奢望得到所有人的好评，唯独忘记了态度比一切都更加重要。

对于家庭而言，是否幸福美满取决于夫妻双方的态度；对于公司而言，是否能够获得成功则取决于经营者和参与者的态度。我们无法改变客观存在的很多条件和因素，但是却可以改变自己的态度。清晨从睡梦中醒来，不要再愁眉苦脸地面对镜子里的自己，不如微笑着对镜子里的自己说："早安，又是新的一天"；夜晚躺在床上即将入睡，不要再为虚度这一天而懊悔，不如心平气和地告诉自己："明天又是崭新的开始。"人生固然不会重来，我们却幸运地拥有一个又一个崭新的明天，这意味着我们完全有机会选择重新拥抱明天的太阳，重新开始明天的拼搏与奋斗。

不抱怨的人生更精彩

每当遇到挫折的时候，你的第一反应是什么？是抱怨？

是慌乱？还是冷静？其实，面对挫折，我们没有必要急于做出反应，当务之急就是冷静。这是因为要想镇定地面对和解决难题，冷静就是必须具备的品质。一旦陷入慌乱之中，我们就会变得盲目，既无法判断事态的严重程度，也无法区分不同事情的轻重缓急，从而导致自己面临更大的困扰和不安，甚至忙中出错，做出错误的选择，导致更加严重的后果。一旦发生这样的情况，原本还算明晰的事情就会变得如同一团乱麻，剪不断，理还乱，使得事态发展得更加棘手，更加无法解决。尤其需要注意的是，很多事情都必须把握时机才能得到最好的解决，而一旦错过最佳时机，也就相当于错失了最佳的处理方案。所谓大势已去，就是如此。

面对突然发生的各种糟糕情况，困兽犹斗是不可取的。正如心理学家所说的，愤怒会使人的智商降低，无法保持理性思考。所以，最好的选择就是临危不乱，面面俱到地理性思考，而切勿因为着急，不假思索地做出决策。即使要把握时机，也必须以全面考量为前提。

每个人面对挫折的态度都是不同的。有的人把一切不顺利都归结于外部因素，例如没有天时地利人和；有的人把一切不顺利归结于自身的粗心大意，因而抱怨自己，责怪自己，使自己变得更加沮丧；有的人把一切不顺利归结于命运的安排，这其实是无解的，因为并没有人能够证明世界上真的有命运存在，所以命运只是那些无奈的人想出来安慰自己的借口而已。从本质上来说，每一次挫折都是人生的试金石，试探我们是否有足够的力量和勇气应对人生的各种境遇。此外，我们还可以从已经经历的挫折中吸取教训，积累经验，正所谓“前事不忘后事之师”，人之所以能够坚持成长和进取，正是因为踩着失败的阶梯努力向上攀登，能够从经验中总结出规律。

心理学家经过研究发现，大多数人的先天条件相差无几，之所以有的人成功，有的人失败，是因为前者百折不挠，越挫越勇，而后者一蹶不振，斗志全无。古今中外，无数成功者都不是一蹴而就、一帆风顺获得成功的。相反，在追求成功的道路上，他们付出了很多努力，也进行了无数次尝试。无论结果如何，他们从未放弃，始终坚持。在最后一次失败之后，他们终于迎来了成功。比起他们，那些失败者总爱抱怨，面对小小的不如意，他们除了抱怨就是指责，要么就是在苛责中举起白旗，不战而退。

虽然“勇者不惧”只有简单的四个字，但是要想做到是很难的。我们必须时刻牢记战胜挫折的人生信条，越是在艰难的时刻越是要坚持不懈，努力进取。真正的强者不是拥有好运气，占据得天独厚的优势条件，借助于贵人帮助获得成功的

人，而是那些即使遭遇失败和挫折也绝不抱怨，积极地从自身寻找原因，全力以赴奔向既定目标的人。

在沙漠里，有一种跳鼠和袋鼠很像，前脚短，后脚长。它在下颚嗉囊里储存食物，以备不时之需。每当找到种子类高蛋白质的食物时，跳鼠就不会把嗉囊塞得那么满；每当找到草类低热量的食物时，跳鼠就会把嗉囊塞得满满的，撑得很大。这是因为草料热量低，必须装满整个嗉囊，才足够跳鼠消耗一整天。因为害怕遭到天敌的袭击，跳鼠不会当即吃完找到的食物然后在外面玩耍，甚至不敢留在外面吃食物。它们第一时间就把食物塞进嗉囊，直到带着食物回到安全的地方，它们才放心大胆地享用食物。跳鼠的身体很小，还没有人类的手掌大；它们的脑袋更小，据推测，它们的大脑如同黄豆般大小。这样小小的生物，就知道生命中充满了各种变数，也充满了未知的挑战，为了生存殚精竭虑。

在自然界中，人类是万物的灵长，具有最高的智慧。与跳鼠相比，人类更应该懂得感恩，懂得知足。遗憾的是，人类社会中充满戾气，很多人不知天高地厚。在地球上，我们与各种生物和谐共处，一起生存。既然如此，还有什么好抱怨的呢？我们所得到的一切都是大自然的馈赠，例如阳光、空气和水。我们应该珍惜现有的一切，而不要奢求太多。当人人都意识到人类的渺小，也能感恩自己拥有的一切，整个社会就会变得更加和谐，更加美好。

世界上没有绝对的公平

在这个世界上，很多人都渴望得到公平的对待，并且因为自己受到了不公平的对待而愤愤不平，其实，这是完全没有必要的。因为从本质上而言，世界上根本不存在绝对的公平。尤其是在人际关系中，各种关系的天平会受到不同砝码的影响，而倾向于某一边。只有认清楚这个真相，我们才会改变抱怨不公的恶习，更加从容地面对和接受现状。

从心理学的角度来说，抱怨不公平是非常消极的。一旦产生了不公平的想法，我们就会把自己得到的对待与他人得到的对待进行比较。除了得到不同的对待，人们所拥有的一切、失去的一切也是不同的。尤其是在人际交往中，很多人生怕自己吃亏，明知道某个人的做法违背了规则，他们也选择盲目地跟风，模仿某个人的做法去做，仿佛这样就可以保住自己的利益。殊不知，这相当于把自己的命运交给他人去把握。举个极端的例子来说，在一个小群体里，当有人损公肥私时，如果我

们也这么去做，那么很有可能和对方一起被上司发现和识破，因而丢掉工作。正确的做法是，当看到他们违背规则满足自身的利益，我们作为管理者要当即为对方指出错误，给对方一次改过自新的机会，作为旁观者则要把控好自己的行为。如果认为他人违背规则占了便宜，自己遵守规则吃了亏，则意味着我们的价值观出现了根本性的偏差。

在社会生活中，那些违背规则的人毕竟是少数。如果人人都学习他人的样子违背规则，那么整个社会就会彻底失去秩序。简而言之，我们不能以他人的行为作为标准，确定自己的得失。每个人都应该主宰自己，支配自己的感情，而不能把掌控自己的权力交给他人。从某种意义上来说，当我们把自己与他人放在一起比较，实际上就已经开始了不公平游戏。每个人都是世界上独一无二的存在，我们既不可能取代他人，也不可能被他人取代。既然如此，我们就要做好自己，也欣赏他人做好他人。

姗姗结婚有一年了，婚姻生活始终不太幸福。为此，她参加了心理疗愈。在一次小组询诊的时候，她扮演了一位妻子的角色，这位妻子被卷入了家庭纠纷之中。在表演的过程中，丈夫的扮演者有些生气地说了几句话，姗姗扮演的妻子当即反驳道：“你为什么要这么说？我从来没有这样对你说过什么。”

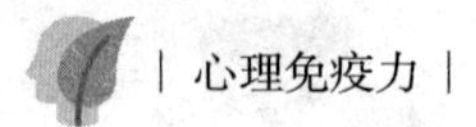

然后，妻子和丈夫一起谈论关于孩子的事情。妻子当即愤愤不平地说：“你为什么要在这种时刻扯上孩子呢？不管在什么情况下，我只要与你发生争吵，从来不会扯上孩子。我认为争吵是我们之间的问题，与孩子无关。”

后来，丈夫有意识地转移话题，避免与妻子继续争吵。丈夫说起自己很喜欢打羽毛球，不想妻子当即抱怨道：“结婚之后，你的生活没什么改变，除了工作，就是出去玩，或者和朋友们聚会。对于你而言，结婚稳赚不赔，因为你多了一个免费的保姆，照顾你的衣食住行。我呢，我为了照顾孩子放弃工作，每天24小时留在家里，彻底失去了自己。你觉得这样公平吗？”

在妻子一连串的质问和抱怨中，谈话不欢而散。其实，丈夫原本是想要好好与妻子沟通的。但是在丈夫努力转移话题之后，妻子依然在抱怨，因而丈夫只能结束与妻子的交谈。

其实，姗姗扮演的妻子对丈夫的抱怨，与很多妻子对丈夫的抱怨都是相似的。很多夫妻不知道自己与丈夫之间为何总是有隔阂，也不知道自己与丈夫的关系为何越来越疏远，那么不妨从沟通的角度认真地反思一下，看看自己作为妻子是否已经化身成为怨妇，让丈夫避之不及了。

不可否认的是，在家庭生活中，的确有很多琐碎的事情

需要完成。但是，夫妻对于整个家庭的贡献和付出是很难量化的。如果丈夫指责妻子留在家里享福，妻子抱怨丈夫除了工作从来不分担家务，那么日久天长夫妻之间就会生出嫌隙，共同语言也会越来越少，甚至会到“话不投机半句多”的程度。实际上，在一个家庭里，家务事情是没有办法完全平均分配的。如果夫妻都要工作，那么就要根据彼此的工作时间合理分工；如果一方负责工作赚钱，另一方负责照顾家庭和孩子，那么就会各有侧重。当夫妻之间一味地讲究公平，那么家庭生活就会充满了斤斤计较，无法获得幸福。

世界上没有绝对的公平。当人们寻求绝对公正，就会走入死胡同，无法继续沟通和协调。只有不再进行毫无意义的比较和计较，发挥自身的力量主动创造自己向往的生活，才能有效地改善人际关系，让人际关系进入良性循环的状态。不仅在家庭生活中夫妻之间不能斤斤计较，在团队中，成员之间也要各自发挥所长，密切配合，分工合作。只有每个人都扬长避短，整个团队才能实现一加一大于二的力量。反之，如果每个人都需要从事相同的工作，那么总有人擅长这份工作，也总有人不擅长这份工作，所以力量就会抵消，出现此消彼长的现象，那么团队中很有可能一加一小于二。毫无疑问，理想的团队工作模式是第一种，而非第二种。

在职场上，绝对的公平更不存在。有些人能力很强，工作效率高，所以多劳多得，凭着自己给公司创造的效益获得高收入。但是，有些人虽然能力一般，运气却很好，又因为遇到了贵人，那么很有可能平步青云。当然，也有人工作勤奋，效率低下，虽然自己特别辛苦、劳累，但只能获得比较少的报酬。既然不存在绝对的公平，我们与其一味地盯着他人，与他人进行毫无意义的比较，不如更多地关注自己，努力提升自己的能力和水平，做最好的自己，实现最高的工作效率。

第四章

心若改变，世界就会随之改变

每个人都要认识自己的心，都要主宰自己的心灵，这样才能够改变自己的心境，只有心胸开阔，才能发挥所长，创造想要的生活。我们必须有所作为，才能充分思考，做出理性的抉择，从而使自己的内心充实愉悦。人生是各种选择的集合，正是一次又一次的选择成就了现在的我们，造就了我们的人生。

远离厌恶的事情

人生在世，我们不可能对所有事情都满心欢喜，总会遇到一些事情让我们特别厌烦。对于这些事情，与其强求自己面对和接受，不如选择远离，这样才能停止消耗自己的精神与热情。

很多情况下，远离那些令自己感到厌烦的事情并不容易，因为我们受到各种因素的影响，也受到各种感情的束缚。但是，我们必须这么做，因为人生的时间是有限的，我们的精力也是有限的。与其白白地浪费时间去做厌烦的事情，不如留出宝贵的时间和精力去做热爱的事情，这样才能促进自身坚持成长。

琳达是一名驯兽师，她把她负责的企鹅训练得很好。当有人向她请教经验时，她告诉对方，唯一的秘诀就是关注到企鹅好的表现，并且给予企鹅奖励。这听起来很简单，但是真正想要做到并不容易。

现代社会中，很多父母为了生计，忙于工作，往往疏忽了孩子。他们生了孩子之后，就把孩子交给老人养育。有些父

母把孩子送回老家和老人一起生活，与孩子聚少离多；有些父母虽然把老人接到身边带孩子，却因为每天早出晚归，所以真正与孩子相处的时间极其有限。和忙碌的父母不同的是，孩子很想得到父母的关注。为此有些孩子养成了讨好型人格，总是做各种各样的事情试图得到父母的表扬，如果被父母忽视，他们会继续做其他事情，直到有一天父母真的关注到他们为止；有些孩子叛逆心理比较强，在试图引起父母的关注失败后，他们就会采取调皮捣蛋的方式，哪怕被父母批评和指责，也比被父母完全漠视更好。一旦父母真的因为孩子顽皮捣蛋而批评孩子，那么孩子就会变本加厉，因为他们意识到必须做不好的事情，才有机会被父母批评。正是因为如此，很多父母都陷入了教育孩子的怪圈，即他们越是给孩子讲道理，孩子越是顽皮捣蛋。他们不明白为何会这样，其实他们只要改变批评孩子错误的方式，转变为表扬和赞赏孩子好的行为，孩子就会随之改变。

记住，如果你厌恶一件事情，远离它的最好方式是遗忘，而不是试图改变。如果你想要让你的孩子更招人喜欢，那么你应该如同自己期望的那样表扬他，而非总是批评和否定他。每个人都要学习关注他人的长处和优点，而不要总是盯着他人的短处和不足。父母对待孩子如此，我们对待身边的朋友、同事等人也要如此。

天性使然，除非我们有意识地关注他人身上招我们喜欢的优点和长处，否则就很容易忽视。这是因为他人身上招我们喜欢的优点和长处只会让我们感到舒适和愉悦，而不会引起我们的反感和不适。所以我们会享受他人的优点和长处，而对他人的缺点和不足极其不适，反感不已。

同样的道理，我们养成坏习惯只需要几天的时间，养成好习惯却需要漫长的时间。也是因为养成坏习惯只需要顺应天性的倾向，而养成好习惯却要与自己的不良习惯进行斗争。

只关注自己或者他人令人厌烦的表现，非但会使人心烦意乱，而且会影响人际关系的建立和发展。从被反馈的一方来说，人人都喜欢得到认可和赏识，而不喜欢被挑剔和苛责。举例来说，孩子总是拖延和磨蹭，每天晚上都需要很长时间才能完成当天的作业。在这种情况下，与其批评孩子磨磨蹭蹭，不如表扬孩子在规定时间内完成了某一项作业，这样既能够使孩子获得成就感，也能使孩子得到认可，从而强化孩子按时完成作业的行为。再如，作为上司，如果你总是在给下属的工作挑毛病，那么日久天长，下属必然被打击得自信心全无，甚至动起了辞职的念头。反之，你如果每天都能发现下属在工作中表现出来的一个优点，并且对下属进行表扬，那么下属就会在相关方面表现得更好。其实，更为聪明的上司知道，哪怕下属并

不是真的具备某个优点，只要坚持表扬下属，下属在相关方面的表现就会越来越好。

总之，一个人不管多么委曲求全，都不可能得到所有人的满意。所谓“金无足赤，人无完人”，正是这个道理。作为被反馈的一方，我们应该知道良药苦口、忠言逆耳的道理，对于对方的意见和建议，有则改之，无则加勉。作为反馈的一方，我们则要掌握语言的艺术，也要把握对方愿意得到认可的心理，以正向激励的方式强化对方好的行为，从而让对方表现得越来越符合我们的预期。

切勿愤愤不平

对于那些把失败原因归结于外部世界的人而言，他们最擅长的事情就是推卸责任，或者给自己寻找替罪羊。他们总是能找到有利于自己的借口，把自己失败的原因归结于社会制度，归结为队友，归结为运气不好，归结为没有贵人相助。与此同时，面对他人的成功和幸福，他们则总是吃不到葡萄说葡萄酸，认为他人根本不具备获得成功和幸福的资格，完全是交了好运气才能歪打正着。

实际上，他们忽视了一点，即越是把失败归结为外部原因，越是缺乏自我反思，那么就会使自己处于停滞不前的状态，不会获得任何进步。从心理学的角度来说，外部原因是客观存在的，无法改变，这也就意味着那些失败者失败的现状很难改变。反之，内部原因是内在的，具有主观性，所以是可以改变的，这也就意味着那些向内归因的失败者会当机立断地改变自己的行为表现，让自己远离失败，接近成功。可以说，采取这两种不同的思维模式，就注定了会有不同的结果。

在有些情况下，哪怕把疾病作为失败的安慰剂，也不要把愤恨作为失败的安慰剂。因为疾病是有可能痊愈的，但是愤恨却会毒化精神，使人无法真正地反思自己，改变自身的不足。此外，愤恨还会消耗巨大的内心能量，使我们在追求成功的道路上缺乏动力，不能坚持下去。一个面对失败心怀愤恨的人，很容易进入恶性循环之中。他们心怀不平，盛气凌人，让一切合作者敬而远之。就这样，他们让一切保持原样，让情况变得更加糟糕。

愤恨者往往死鸭子嘴硬，他们非但不能做到主动自发地反思自身，而且会拒绝他人提出的中肯建议。因为愤恨，他们狂妄自大，闭目塞听。他们坚信自己受到了不公正的对待，所以才会导致糟糕的结果，仿佛一旦认定自己是被亏待的一方，他

们的内心就能获得畸形的满足。从道德层面上来说，他们认定自己是不公正的牺牲品，所以他们自认为比受到公正对待的人更加优越。

从本质上而言，愤恨还代表着一种企图或者是一种方法，目的在于消除那些真正发生的或者想象出来的不公或者错误。在愤恨者的心目中，人生就像打官司，只要有足够的愤恨证明的确存在不公平的现象，那么就能创造出奇迹般的办法消除那些让他承受不公的事件或者环境，由此一来，他就得到了精神上的满足和补偿。从这个角度来看，愤恨其实是在排斥和抗拒已经发生的事实，有掩耳盗铃、闭目塞听的嫌疑。

哪怕以真正的错误或者不公作为前提，愤恨不平也不能帮助人们获得真正的胜利。在极短的时间内，愤恨不公就会变成感情习惯，使愤恨者坚定不移地相信自己是非正义的牺牲品，认定自己作为牺牲者的身份。这使得他们更加倾向于寻找外部原因，作为自己受到不公正对待的证据。此外，他们还有可能想象自己得到了不公正的对待，而实际上他人对他们说出的话满怀善意，他人对他们做出的事情没有任何偏向。

习惯最可怕的特性在于习惯成自然，这意味着愤恨者一旦产生习惯性的愤怒，就会在不知不觉间怜悯自己，而习惯性怜悯与习惯性愤怒一样可怕。当一个人完全依赖这些习惯，一旦脱离这些习惯就感到无所适从，他们就会真的开始寻找和发现不公平。渐渐地，他们会贬低自己的能力，认定自己毫无所长，一无是处，形成低价值感。

对于愤恨者而言，必须记住一点，就是其他的人、事、物并没有真的引起我们的愤恨。从本质上来说，愤恨只是愤恨者做出的情感反应。这意味着外部因素的改变无法使愤恨者摆脱愤恨，愤恨者唯有主动自发地意识到愤恨的真相，也积极地克制愤恨，才能彻底消除愤恨。记住，任何人都不可能通过自我怜悯和愤恨获得幸福，获得成功，反而会因此而陷入不幸与失败的深渊。唯有明确意识到这一点，愤恨者才能下定决心，克服愤恨，消除愤恨。

在这个世界上，每个人都要学习把握自己的内心。愤恨者偏偏背道而驰，他们让自己的感受受他人影响。他们完全依赖于他人，如同真正的乞丐失去了独立生存的能力。他们会因为任何事情而感到愤恨不平，例如他们自己提出了不合情理的要求，他们强求他人做出牺牲却被拒绝，他们无法根据自己的意志左右事情的发展，他们自认为付出了很多却没有得到想要的回报。对于他们而言，别人总是欠着他们，遗憾的是，他们作为“债主”始终愁眉苦脸，那些被他们认定欠债的人却活得兴高采烈。他们甚至抱怨生活，抱怨命运，抱怨一切他们能够想

到的人、事、物。

要想改变这样的局面，我们就要追求实现创造性目标。在追求的过程中，我们摇身一变不再是被动的接受者，而成为主动的行动者。我们深思熟虑确定目标，不再抱怨他人，也不再对他人抱有不切实际的幻想。我们真正地对自己负起责任来，不管做什么事情，我们都预先想到最糟糕的结果，然后朝着最好的结果努力。

正如一位思想家所说的，不管是谁，只要陷入愤恨之中，就会陷入错误之中；不管是谁，只要把自己交给愤恨，就相当于把自己交给了别人。这当然是很危险的，所以不要含恨到日落，从现在开始就掌控自己的情绪吧，你应该完全相信自己。

打开快乐之门

一个人是快乐还是不快乐，不应该由外部因素决定，也不应该由他人说了算。只有把快乐的钥匙掌握在自己手里，我们才能随时打开快乐之门。现实生活中，那些真正懂得人生智慧，且内心成熟的人，不但能够让自己变得快乐，还能以自身的快乐感染身边的人。

在每个人的心灵深处，都有一把快乐的钥匙。遗憾的是，很多人都没有意识到这一点，反而在无形之中把钥匙交给了其他人，任由其他人影响他们的情绪，驾驭他们的人生。例如，有些父母把快乐的钥匙交给了孩子，孩子哪怕只是一次考试没有发挥出正常水平，考试成绩不如预期，父母也会悲观沮丧，认为孩子的前途令人担忧。在夫妻生活中，有些人把快乐交给配偶，他们的心情是否愉悦，完全取决于配偶如何对待他们，不得不说这样的人失去了自我，必然迷失在婚姻中。还有些职场人士把快乐的钥匙交给了上司，一旦得到上司的认可和赏识，他们就会如同打了鸡血一样兴致高昂、精力充沛地投入工作中；一旦被上司否定和批评，他们又马上蔫头耷脑，灰心丧气，对待工作兴趣全无。不得不说，这些人都没有掌握自己的快乐钥匙，反而把情绪的按钮交给他人去掌控。

在这个世界上，每个人都是独立的生命个体，应该为自己的人生负责，而不要轻易受到他人的影响和控制。虽然都希望子女成才，但是每个孩子在学习方面的天赋是不同的，所以父母要坚持因材施教，给予孩子更为广阔的成长和发展空间。对于夫妻而言，尽管彼此关系亲密，也是利益共同体，但是每个人在婚姻生活中都要保持自我，而不要彻底迷失。任何时候，

一个人首先应该做好自己，才能扮演好其他角色。对于诸如朋友之间、同学和同事之间，就更要把握好交往的分寸，而切勿把一切希望都寄托在他人身上，更不要因为他人对待自己的变化就受到影响。人们常说，地球离开了谁都照常转，既然如此，我们也要能够做到离开任何人都依然精彩地生活。

有些人特别敏感，会因别人一句无心的话，闷闷不乐。哪怕只是因为受到陌生人的误解，他们也会灰心丧气，认为人生无趣。那些特别容易受到外界的人、事、物的影响而导致心情低落的人都有一个共同点，即把自己的心情交给他人控制，而忽略了自己真实的感受和心情。

归根结底，那些容易愤怒和喜欢抱怨的人都是对现状无能为力的人，他们以愤怒和抱怨掩饰自己内心的空虚，他们有任何事情都先怪罪于他人，总是试图找人为他们的喜怒哀乐负责。然而，没有人能够承担起让我们快乐的重任。不快乐的人如果不能掌控自己的情绪，任何时候都会被动地任人摆布。看到他们愁眉不展，满面忧愁，我们总是想要远离他们，因为负面情绪是会传染的，而人都有趋利避害的本能。这就决定了人人都渴望接近那些情绪积极的人，而无意识地远离那些情绪消极的人。

真正快乐的人情绪稳定，不以物喜，不以己悲。他们有很强的情绪掌控能力，也有对自己负责的责任和意识。为此，与他们相处令人感到轻松愉快，是一种全身心投入的享受，他们不给人巨大的压力，不会让人无法承受。

真正快乐的人能够营造正能量场，他们吸引同样快乐的人围绕在自己的身边。为此，他们有很多志同道合的朋友，很少感到孤独。

真正快乐的人有自己为人处世的准则，不会盲目地顺从他人，随波逐流。他们有自己的衡量标准，不会羡慕和嫉妒他人，而是为自己拥有的一切感到满足，心怀感恩。

真正快乐的人总能避开人生的诸多陷阱。他们知道人生不如意十之八九，每个人不管生活在社会的哪个阶层，不管拥有怎样的人生起点，也不管获得了怎样的人生发展，他们的人生都不会是完美无瑕、无可指责的。为此，即使真的有了糟糕的境遇，遇到突如其来的难题，他们也会从容地面对，坚持做到不抱怨，不指责。

具体来说，要想常怀快乐，我们就要做到以下几点。

第一点，减少欲望，知足常乐。一个人欲望越多，快乐越少。世界上有很多东西都是值得人们追求的，但是一个人的时间、精力和能力都是有限的，所以不要奢望得到所有，而是要学会减少欲望，这样才能为自己拥有的一切感恩知足。

第二点，制定适宜的目标，切勿好高骛远。很多人制定的目标不切实际，即使坚持努力也始终无法实现目标，为此在长久努力而毫无收获之后，他们必然会产生自我怀疑，甚至认定自己能力低下，无法实现梦想。如此一来，当然会与快乐渐行渐远。只有恰到好处的目标，才能让人在努力之后获得成就感，也因为实现了目标而得到激励，因而继续努力，再接再厉。

第三点，与人和谐相处，减少矛盾与纷争。现实生活中，很多人都特别固执，一旦发现别人的意见与自己的意见不同，他们就会想方设法试图说服别人。其实，每个人都有权利保留自己的意见，我们可以坚持自己的想法，他人当然也可以贯彻自己的主张，所以无须为了统一意见而争辩不休。

第四点，学会感谢，心怀感恩。人是社会性动物，每个人都要在人群中生活，都会与其他人有千丝万缕的联系。在各种各样的人际关系中，我们要降低对他人的要求，学会感谢他人。尤其是在得到他人的帮助时，更是要心怀感恩。

第五点，不指责，不抱怨，宽容自己和他人。不管是对待自己，还是对待他人，我们都要坚持不指责不抱怨的原则，而不要动不动就抓住别人的错误不放，也不要得理不饶人。很多事情是成功还是失败，都不是由某个因素单纯决定的，而是由很多因素综合作用的。为此，唯有宽容地对待自己和他人，融入团队之中发挥最大的力量，才有可能获得想要的结果。

第六点，保持理性，切勿冲动。正如人们常说的，“冲动是魔鬼”。很多冲动的人都会出现智商降低的情况，这是因为愤怒冲昏了他们的头脑，使他们无法理智地思考。为此，在任何情况下都要保持理性，而切勿因为冲动导致事态朝着不可预期的方向发展。

正如一句印度谚语所说的，我们虽然不能阻止鸟儿从我们的头顶飞过，但是却可以阻止鸟儿在我们的头顶筑巢。我们虽然无法勉强自己假装快乐，但是却可以避免烦恼。随着我们越来越远离烦恼，相信快乐一定会来到我们的身边，与我们的人生常相伴。

转念，就在一瞬间

人们常说，心若改变，世界也随之改变。这句话很有道理。有些事情看似始终无法实现，并不是因为它们本身多么难，而是因为我们没有真正地改变心意，转变观念。在很多情况下，那些固执的人其实是在和自己较劲，他们不愿意妥协，总是与自己叫板。也许就在一瞬间，他们彻底扭转了观念，那

么那些看似无解的难题也就迎刃而解了。

作为世界著名的乌克兰撑杆跳运动员，布勃卡在奥运会上获得了冠军，与此同时，他也被人们誉为撑杆跳沙皇。这是至高无上的荣誉，与他曾经三十五次创造撑杆跳世界纪录的历史相得益彰。迄今为止，他依然保持着两项世界纪录，无人能够打破。为了奖励他，总统亲自授予他国家勋章，并且为此举行了隆重的仪式。很多记者闻讯赶来，对他进行采访。大多数记者都好奇地提出了同一个问题：你的成功有什么秘诀？对此，布勃卡总是淡然一笑，回答道："我的成功只有一个秘诀，那就是每次起跳前先让心'摔'过横杆。"

原来，布勃卡作为撑杆跳选手，曾经在一段时期里始终无法成功挑战新的高度。一次次失败的打击，使他无限懊恼沮丧，甚至认为自己不适合从事撑杆跳项目。直到有一天，布勃卡来到训练场上，告诉教练他永远也不可能成功挑战新的高度。教练耐心地询问道："对此，你真实的想法是什么？"布勃卡认真地想了想，坦率地回答道："我只要踏上起跳线，面对横杆，就特别害怕。"这个时候，教练大声告诉布勃卡："那么，接下来你必须闭上眼睛，先把心'摔'过标杆！"教练的话使布勃卡如梦初醒，恍然大悟。从此之后，他总是先让自己的心"摔"过标杆，然后全力以赴地让自己的身体"摔"

过标杆。果不其然，他成功地挑战了新高度，在职业生涯中取得了突破性的进展。

我们虽然不是撑杆跳运动员，但是却要学习布勒卡的精神，先改变心态，勇敢无畏地去面对一切挑战，才能真的完成各项挑战，获得前所未有的成功。

在一个下雨天，老张等了很久都没有打到网约车，因而决定乘坐公交车回家。果不其然，公交车上有很多乘客，大家挤得就像沙丁鱼一样，连转身都很困难。老张好不容易才挤上公交车，突然感觉到自己的脚踝被某个东西碰到了。他当即想到：肯定是某个人的雨伞尖部，这个人也太不小心了，明知道车上这么多人，还不保管好雨伞。他一边想着，一边不悦地皱起眉头。他原本想转身告诉雨伞的主人收敛一下，但是，车厢里的人实在是太多了，他根本无法转身。在车辆行驶的过程中，随着车身不断地摇晃，雨伞的尖部刺痛了他的脚踝，他恨不得大喊一声提醒对方拿好雨伞。但是，他很清楚这么多人，大家根本不知道他说的是谁。他只好暂时压抑心中的怒火，只等着公交车进站之后下去一些乘客，他就马上转身教训对方。

又过去大概十分钟，公交车终于晃晃悠悠地进站了。这是一个大站，很多人都下车了，车厢里有了转身的空间。老张当即转身，气得来不及抬头，就用脚跟狠狠地踢向雨伞的尖部。

然后，他才抬起来去看那位不知好歹的乘客。正在此时，他惊讶地发现对方戴着墨镜，拿着拐杖。原来，对方是一位盲人，一直艰难地站在拥挤的车厢里，根本不知道自己的拐杖碰到了他的脚踝。一瞬间，老张怒气全消，暗暗想道："在这么拥挤的车厢里，我作为正常人尚且这么艰难地站着，更何况是一位盲人呢。"他情不自禁地对盲人露出微笑，后来，看到不远处有座位，他还特意把盲人搀扶过去，让盲人坐在座位上呢。

所谓情绪，就是我们对各种事情的情感反应。有的时候，这些事情未必是外部世界的，而有可能只是我们主观的想法。例如，事例中的老张原本以为有乘客不知好歹，不懂得收敛，因而想要好好地教训对方一番。结果，他发现对方是一位盲人，马上想到盲人在这样的雨天挤公交车多么艰难，因而怒气全消，反而对对方产生了同情，想要竭尽所能地帮助对方。这充分证明了只需要一瞬间，我们就会改变想法，消除愤怒，甚至连身体上的感觉也会得到缓解。

从这个意义上来说，面对有些事情的时候，我们无须急于愤怒或者责怪对方，也无须擅自揣测或者自行脑补故事的情节，而是要主动地探求真相，了解真相，以此为前提做出适宜的反应。现实生活中，人与人之间经常会发生各种误会，就是因为大家都习惯理所当然，而没有秉承尊重事实的原则首先探求事实。

当改变了想法，我们就会改变认知。那么，改变想法的最好方法是什么呢？不是不去想，也不是想象或者是幻想，而是尊重事实，重新体验。从现在开始，再也不要固执地坚持自己的想法，有的时候，耳听和眼见都未必为实，我们一定要心明眼亮，探求真相。

最好的消息

在一次职业比赛中，阿根廷著名的高尔夫球运动员罗伯特·德·温森赢得了一笔丰厚的奖金。领取奖金时，他拍照之后当即准备离开。这个时候，一位年轻的女人走过来祝贺他获得成功，并且请求他帮帮她病重的孩子。德·温森心地善良，当即就决定把刚刚领取的奖金赠送给那个女人，以便她能带着孩子去医院接受治疗。那个女人欣然接受了德·温森的馈赠，道谢之后就离开了。

一个星期过去，德·温森来到一家乡村俱乐部用餐。这个时候，一位裁判特意问他："我刚刚从停车场过来，有些孩子对我说，你上个星期参加比赛后曾经遇到了一位年轻的妈妈，

还把自己价值不菲的奖金赠送给了她？”德·温森毫不迟疑地点点头。

那个裁判气愤地说：“你呀，就是太善良了。告诉你，你被她骗了，她还没有结婚呢，哪里来的病重的孩子呢！我亲爱的朋友，你被骗了。”

德·温森惊讶地问：“你是说，根本没有孩子身患重病？”

裁判重重地点点头，说道：“是的，可惜了你的那笔奖金！”

不想，德·温森却开心地笑了起来，说：“太好了。一个星期以来，我一直在为所谓病重的孩子担心。现在得知根本没有病重的孩子，这可真是天大的好消息。”

大多数人遇到德·温森经历的这种情况，一定如同那个裁判一样，第一时间想到一笔丰厚的奖金就这样被可恶的骗子骗走了，因而特别憎恨骗子，恨不得诅咒骗子。但是，德·温森的心地非常善良，他虽然捐赠了一大笔奖金给那个冒牌的年轻妈妈，但是依然为病重的孩子担心。为此，当得知根本没有孩子生病，他反而如释重负，感到特别开心。由此可见，在德·温森的心中，世界上少一个生病的孩子，远远比那笔丰厚的奖金更为重要。

对待同样一件事情，有的人看到积极的一面，为此而感到欣慰；有的人看到消极的一面，为此而愤愤不平。因而，具体的事情并不能真的决定我们是愤怒还是喜悦，影响我们情绪的是我们对待事情的态度。对于每个人而言，固然无法控制别人如何做事情，但是可以决定自己采取怎样的态度面对这些事情。

当我们因为恐惧和责备而采取行动时，我们就只能收获痛苦；当我们因为爱和信任而采取行动时，我们就会消除对他们的不满和偏见，怀着崇高的心灵和感情对待他人。那些心思单纯、动机纯洁的人总是能全身心地投入生活，热爱生活，他们得到了生活最好的馈赠。正如古人所说的，吃亏是福，既然如此，我们就不该害怕吃亏，更不要因为担心被他人欺骗而时刻保持警惕，无法敞开心扉拥抱生活。

不管是做人还是做事，最重要的是问心无愧。我们无须奢望得到所有人的认可与赞美，只要出于本心做事情就好。记住，任何事情本身并没有意义，是我们赋予了不同的事情以不同的意义。有些人居心叵测，总是想让我们感到恐慌，让我们不假思索地否定他人，那么我们要擦亮眼睛辨识他们的真面目，坚定不移地做好自己该做的事情。

有些人觉得生活是很可怕的，总有各种各样的陷阱，常常面临不同形式的伤害，为此他们从来不敢敞开心扉面对一切。有些人却认为生活是很美好的，只有极少数坏人，而大多数都

是好人，为此他们保持单纯善良的心态，始终以热情拥抱生活。

正如心理学家所说的，每个人看到的世界并不是真的世界，而是世界投射在他们心中的样子。心怀美好的人看到美好，心怀邪恶的人看到邪恶；对生活绝望的人常常感到无助，而对生活充满希望的人则始终相信奇迹。我们唯有用爱的眼睛才能看到更真实的世界。我们应该坚持本心，固守正直，这样才能轻轻松松地面对一切。

人生是一场修行。面对生活，我们不能过于严肃和呆板，否则就会失去生活的乐趣与灵动，也不能过于敷衍了事和随心所欲，否则就会让生活变得不够正经。只有以恰到好处的态度面对生活，我们才能在生活中发现更多的美好，也领悟人生的真谛。

明朝时期，大画家郑板桥曾经说过，难得糊涂。对于大多数人而言，生活不是精确的数学题，而是模糊数学。我们固然要追求正确答案，却也要给予生活一定的弹性。对于真愚钝的人而言，糊涂不是难事。然而，真正高明的人是由聪明入糊涂，对于生活中很多事情糊涂看待，这才是难上加难。

第五章

心怀感恩，与幸福快乐常相伴

每个人都生于这个世界，长于这个世界，受到大自然的恩泽，所以才能生存下去。为此，我们要始终心怀感恩，既感谢阳光雨露，也感谢这个滋养万物的地球，还要感谢身边众多的人和事情。那些曾经历过的挫折和磨难，也是成就我们的必要因素，是不可缺少的。所以我们还要感恩充满坎坷的逆境，成就了今天的我们。

心怀感恩

当一个人的内心充满了忧虑和烦恼，那么他就无暇感知周围的一切，更不可能对周围的一切心怀感恩。当缺少感恩的精神，对于命运的各种安排，人们哪怕只有小小的不如意，也会满怀抱怨，深感厌烦。为此，他们虽然生活在当下，却始终在为过往而焦虑，为明天而担忧。由此可见，是否能心怀感恩，决定了我们能否以崭新的态度拥抱生命。

在著作《怎样停止忧虑开始新生》中，著名的成功学大师卡耐基讲述了从好朋友哈罗·阿博特那里听来的故事。

哈罗说："我曾经满怀忧虑，焦虑不安，直到1934年春季的某一天。当时，我正在韦布城的西多尔蒂大街上闲逛，无意间看到了街道上发生的一幕。从此，我忧虑全消。当时，那件事情只维持了不到10秒，可以说，时间极其短暂。但正是在那10秒里，我学到了远比此前十年积累的更多的生活知识。在那两年中，我始终在韦布城生活，靠着经营一家杂货店维持生活。此时，我特别狼狈，不但身无分文，而且背负着至少需

要花费七年时间才能偿还的沉重债务。就在上个周六，我的杂货店也关张了。我正准备去往银行借钱，这样我才有盘缠去堪萨斯城找工作。我如同斗败的公鸡垂头丧气地走向银行，我信心全无，彻底绝望。正在这个时候，我看到街道上‘走’来一个没有双腿的人。他坐在一个简陋的木排上，那个木排是用废弃旱冰鞋的轮子改装的。他用双手支撑地面，推动木排向前挪动。我遇到他的时候，他正在横穿街道。看到我迎面走来，他微笑着与我打招呼，还很开心地说天气不错。

“我震惊不已，站在那里看着他，瞬间意识到自己还有健全的身体，还能自由地行走。就在一瞬间，我为自己感到羞愧。我明明拥有双腿，却不如他那样感恩知足，充满快乐。我目送他走过街道，情不自禁地挺起胸脯。原本，我只想从银行借一百元当盘缠，现在我决定向银行借两百元作为东山再起的启动资金；原本我只想去堪萨斯城随便找份工作养活自己，现在我充满信心地决定去堪萨斯城从头开始。最终，我不但从银行借到钱去了堪萨斯城，而且顺利地找到了新工作。一切都在好转。

“就因为这件事情，我写下一段话贴在卫生间的镜子上，这样我每天早晨对着镜子刮胡子时都能提醒自己：我因为没有鞋而垂头丧气，直到有一天我遇到了一个没有脚的人。”

从这个故事中我们不难领悟到，很多人因为自己的人生不如意而颓废沮丧，他们从未想到在世界上的很多地方有更多人命运悲惨，正在艰难地活着。和他们相比，我们理应感到庆幸，也理应心怀感恩。

很多人因为一些不值一提的小事情就感到忧虑和烦恼，恰恰是因为他们从未见识到生命的真正艰难。当有了更大的烦恼，他们就会为现在的岁月静好而心怀感恩。例如，一个身体健康的人很有可能不满意于自己的肤色，但是当得知自己身患绝症之后，他们甚至会羡慕那些身体残疾而没有患上绝症的人。为了避免对生命太过苛责和不满，我们要做的是把很多事情放在一个更大的背景之下去看待，这样就会豁然开朗。

很多人有过在医院里住院或者是陪护的经历，看到了在生死面前生命的脆弱之后，就会改变对于生命的态度，甚至改变对待生命的方式。原来，那些看似平淡的一天，都是那么宝贵，那么难得。人人都知道生命宝贵，却很少有人珍惜时间，直到得知生命即将结束的那一刻，他们才会感到懊悔，为自己曾经虚度那么多光阴而悲叹。

在地球上，很多东西都是经历数百万年的漫长历程才渐渐形成的。看似渺小的存在，也是生命的奇迹。在漫无边际的宇宙中，每个人就像是一粒小小的尘埃，但是，每个人都要珍惜

生命，都要努力地过好这一生。在日常生活中，很多人都因为得到礼物而由衷地感谢，在生命的历程中，却很少有人得到生命这份最 珍贵的礼物而由衷感谢。那么，不如就在此时此刻真诚地感谢“造物主”赐予我们生命吧，由此我们也要认真地、热忱地度过这一生。

努力才能感到快乐

现代社会，生活的节奏越来越快，工作的压力越来越大，很多人每天辛辛苦苦地工作，却依然不能获得自己想要的生活，为此感到迷惘和无措，也开始思考人生的意义究竟是什么。也有些人在努力之后始终没有得到回报，因而索性放弃，他们的理由很简单：既然努力了没有得到回报，那么不如不努力，依然得到相同的结果。这么想是大错特错的。很多时候，我们努力了却没有回报，不是因为努力毫无意义，而是因为努力的程度还不够大，坚持的时间还不够长。退一步而言，哪怕努力了没有得到想要的结果，努力的过程也会使我们感到充实，并且感受到生命深刻的意义。再退一步而言，对于勇敢尝试和努力拼搏的人而言，即使得不到成功，而是遭遇了失败，也能从失败中汲取教训，积累经验，这远远比无所作为、止步不前来得更好。

正如人们常说的，人生如同逆水行舟，不进则退。尤其是在飞速发展的今天，当整个时代都在飞奔向前，当身边的人都在全力奔跑，我们除了努力，别无选择。从某种意义上来说，努力还是获取快乐最重要的途径。虚度人生的人总是感到乏味无趣，也常常迷惘而不知所措，不知道自己应该朝着哪个方向奔跑。反之，充实的人生原本就乐趣无穷，不管是获得成功的喜悦，还是遭遇失败的失落，都会给人生着色，都会让人生变得缤纷多彩。

作为一个偏头痛患者，每当发作偏头痛，老马都恨不得自己失去痛觉，因为这样就不会感受到偏头痛带来的痛苦，也就由此避免了承受痛苦。直到有一天，老马在医院里问诊时，看到有一位患者失去了痛觉，这才意识到自己曾经希望失去痛觉是多么可怕的想法，也才知道对于正常人而言能够感知疼痛多么重要。

那个患者感受不到疼痛，她爬到特别热的汽车引擎盖上玩耍，直到臀部被严重烧伤，也毫不知情。直到亲人四处寻找她，才发现正在快乐地观赏风景的她，受到了严重的伤害。家人赶紧带着她来到医院问诊，医生看到她的伤势，全都特别

担忧。

据说，这个患者曾经在做手工的时候用锋利的剪刀剪到自己的手指，但是因为感知不到疼痛，她继续使劲地剪，导致手指皮开肉绽，家人把她送来医院进行治疗。得知这个患者因为失去痛觉而受到这么多严重的伤害，老马为自己曾经想要失去痛觉而深感惭愧。至此，他意识到生命中每一种感受都是至关重要的，也是不可或缺的。很多人都因为感受到疼痛而烦躁不安，却不知道正是疼痛的感觉在守护着我们的安危。如果没有可怕的疼痛感，我们就无法及时停止危险的举动保护自己，也无法对他人发出警告。

从哲学意义上来说，痛苦与快乐仿佛是孪生兄弟，也像是一枚硬币的正反两面，彼此之间是密不可分的。一直以来，很多人都以追求和获得快乐为人生的终极目标，实际上快乐从来不是追求得来的，而是我们通过付出换取的，也是我们通过劳动赚取的。如果只是想追求快乐，那么我们很有可能会产生不劳而获的想法，而不愿意脚踏实地、勤勤勉勉地付出与劳作。现实生活中，没有谁只靠着幻想得到快乐，就能真的得到快乐。和过去苦难的生活相比，现代人的生活物质极大丰富，金钱也很充裕，但是却失去了曾经那种简单纯粹的快乐。这是因为生活条件越好，人的欲望越多，而欲望就像是无底的深渊，彻底吞噬了快乐。相反，在条件简陋的年代里，人们欲望很小，只要吃饱喝足就感到幸福快乐，也因为自身的力量有限而与身边的人紧密团结与合作，所以整日都充满欢声笑语。即使只是吃到普通的食物，也会心怀感恩和感激。归根结底，和过去的简单生活相比，我们失去了满足，越来越感到不知足。尤其是在商业时代里，各种广告铺天盖地而来，令人目不暇接，也使人产生了各种不切实际的欲望，又陷入了与周围人的攀比中，最终越来越迷失，越来越忙碌，却越来越不快乐。

只有真正感恩拥有的人，才会感受到快乐。例如，一个常年受到偏头痛困扰的人，当某一天不再感到头疼，他就会特别感谢自己能够拥有没有病痛折磨的一天。对他而言，快乐简单到不会感受到疼痛。再如，对于那些平日里很少有机会和家人共进晚餐的人而言，在节假日里能够与家人闲坐，感受灯火可亲，那就是莫大的幸福。对于曾经感受到失去滋味的人而言，失而复得就是最大的惊喜和幸福。换个角度来看，正在拥有的我们更要心怀感恩，切勿等到失去了才追悔莫及。

现代社会中，太多人把快乐寄托在获得更多的金钱和物质方面，而忽略了真正的快乐是源自内心的感受，是发自内心的感恩与知足。对于一个乞丐而言，能够在寒冷的冬日里讨到

一碗热粥就是幸福，而对于那些亿万富翁而言，哪怕银行卡上多了几千万的存款，他们也不会真正感受到幸福，因为金钱对于他们来说只是一个数字而已。在美国，曾经有人进行过调查，发现那些出生于富豪家庭的孩子，在长大成人进入社会之后，幸福感很低，这是因为他们从小就过着优渥的生活，很少有东西能够提升他们的幸福感。与他们相比，那些起点很低的穷人家，经过一路拼搏与奋斗，最终艰难地跻身于中产阶级，反而感受到极大的幸福与满足。这是因为他们深知自己为了得到现有的一切付出了多少努力，因而心怀感恩，加倍珍惜。

从心理学的角度来说，对于轻易得到的东西，大多数人都不懂得珍惜，反而会轻易放弃；反之，对于那些历经艰难才得到的东西，则大多数人都深知得来不易，因而倍感珍惜和满足。由此可见，不管是幸福还是快乐，都是每个人源自心底的真实情绪和感受，与拥有多少金钱和物质之间并没有必然的联系。如今，人们熙熙攘攘，为了获得自己理想的生活而拼搏、奋斗，在紧张忙碌之余唯独忘记问问自己的内心：我究竟想要怎样的生活？有些人走着走着就把自己丢了，有些人走着走着就迷失了目标。人生是一场漫长的旅程，也是一场身心的修行，正如人们常说的，不忘初心，方得始终。从现在开始，我们固然要努力，却不要瞎忙，更不要穷忙。要记住，忙碌是为了更好地生活，是为了创造自己的人生奇迹。

乐于奉献

人是群居动物，不能脱离群体而独自生存。从这个意义上来说，无论人类社会的发展程度多么高，关系多么复杂，人们看似彼此独立地生存于社会中，实际上却是与社会高度依存和紧密联系的。家庭是社会的最小单位，所有的新生命从呱呱坠地的那一刻开始，就要靠着父母的养育存活。随着不断成长，孩子走出家庭，走入学校，与老师、同学密切相处，开始一步步地融入社会。无论在人生中的哪个阶段，生命个体都必须依存于人类群体，都必须依存于社会。

在社会生活中，一个人不管能力多么强，水平多么高，都无法只靠着自己的力量获得成功。个人必须融入团队，与其他团队成员密切配合，才能扬长避短，借助于团队的力量完成伟大的事业。尤其是在现代职场上，分工越来越细致，因而合作更加密切。每个人不管自身能力如何，都成为团队中不可或缺的重要成员。当团队中的所有人都不遗余力地发挥自身的力

量，为团队做出贡献，那么整个团队就会实现一加一大于二，所有团队成员在精诚团结的状态下，一定会获得大于所有人力量总和的力量。毫无疑问，在这样的情况下，团队所取得的成就的总和，也必然远远高于每个团队成员个人的成就。

正如人们常说的，人类的成长始于依存性的存在，在经过漫长的发展之后，才会变成独立性的存在。有一位名人曾经说过，人从全面的依赖状态，渐渐发展为相同标准下的彼此依赖状态，直到最后完全成长起来。这体现了所有人成长和发展的规律，也符合人类社会进步的事实。

现代社会中，物质极大丰富，经济水平不断提升，这使得人只要支付一定的金钱，就能买到各种各样的物品。在过去，大部分物品都是依靠人类手工制造出来的，而在现代，绝大多数物品都是自动化的机器生产线制造出来的。正因如此，我们对于他人的依赖性减弱，因为我们更多地依赖机器，而非他人的手工生产。但是，我们只是失去了依赖他人的实际感受而已，从现实的角度来说，即便是在自动化的机器生产线中，人的作用也是不容忽视的。与传统生产模式下人主要依靠手工制造各种产品，到工业发展阶段人需要操控机器相比，现代生产模式下人彻底退居幕后，主要负责研发和生产各种自动化的机器，为此人对于物质生产的作用仿佛隐蔽起来了。但是，这并不能改变人与人之间彼此依存、互相照顾的生存状态。正如三个火枪手所说的，“我为人人，人人为我”。不管时代如何进步，社会如何发展，每个人都在为他人做出贡献，也正是依赖他人的贡献才能更好地生存。可以说，生活的本质就是人与人之间的互相服务，互相受益。对于每一个认真工作、努力生活的人而言，他们从未间断地为他人服务，也接受他人的服务。

在日常生活中，我们把工作视为常态，所以并没有意识到自己正在为他人做出贡献，也不认为自己的工作有何与众不同之处，为此我们忽略了对这个问题的深入研究和探讨。有些人甚至认为在社会生活中，没有多少人高尚到主动为他人做贡献，还认为为他人做贡献只是一句不切实际的口号而已。他们丝毫没有意识到，他们每时每刻都在为社会生活贡献自己的一份力量，都在为他人进行服务。例如，医生在为患者诊治疾病，教师在呕心沥血地教育学生，人民子弟兵时刻准备着保卫国家和人民，警察在维持社会治安，小商贩为人民的生活提供各种便利，清洁工在为我们保持干净卫生的环境努力……在很多超大型城市里，每到春节，很多外地的小商贩都回老家过年了，整个城市变得空空荡荡，冷冷清清。早点摊少了很多，卖菜的小商贩和经营小饭馆的人也都歇业了，留在城市过节的本

地人不由得感慨生活变得很不方便，就连想要外出吃早点都不知道该去哪里，买菜买水果也只能去超市，很不方便。人们对于习以为常存在的一切常常抱着漠视的态度，直到生活中出现变化，才意识到那些曾经随处可见的早点摊位、蔬菜和水果摊位是多么重要。

在陀思妥耶夫斯基的著作《罪与罚》中，有个律师的名字叫卢仁，他正值中年。在第一次对未来的姻兄拉斯柯尔尼科夫进行采访时，他表现得很自信，提出“逐二兔者，不得一兔”，认为做人首先应该爱护自己，以维护个人利益为人生准则，才能恰到好处地处理好工作。他认为对别人做贡献无异于把自己的上衣撕成两半，只分一半上衣给别人，因而自己和别人都只能落得衣不蔽体的下场。现代社会中，很多人的想法与卢仁的想法相同。然而，如果人人都和卢仁一样自私，那么这个社会就会多几分冷漠，少几分温暖。

社会的发展离不开所有人的奉献，事实证明，乐于奉献的人赠人玫瑰，手有余香。对于他们而言，内心的满足本身就是最好的回报。正如一位名人曾经所说的，当一个人只顾保全自己的利益，那么他必然感到筋疲力尽。此时此刻，他就像是一个正在发高烧的人一样，必然消耗光自己所有的体力。反之，如果一个人为自己制定了远大的目标，而且热衷于从事有利于社会和他人的活动，那么他们就会持续地产生新的力量，变得越来越强大。在社会上，当这样乐于奉献的人越来越多，整个社会都会变得更加积极向上，充满力量。

你其实很富有

现实生活中，很多人都觉得自己拥有得太少，因此抱怨连天，还常常责怪命运不公。其实，每个人身上都有闪光点，也有不足的地方。人们在遭遇人生突如其来的打击时，常常会顿悟生命的真谛，换一种方式继续过好属于自己的人生。例如，《假如给我三天光明》的海伦就曾经说过，如果她没有因为猩红热而失去视觉和听力，她很有可能和很多女性一样过完普通且平凡的一生。从这个意义上来说，厄运袭击了她，也成就了她。

对于富有，每个人的定义和标准都是不同的。对于那些天生残疾的人而言，能够拥有健全的身体就是最大的富足；对于那些特别贫穷的人而言，能够实现财务自由就是最大的富足；对于那些腰缠万贯的人而言，能够与家人亲密相守就是最大的富足；对于曾经失去的人而言，失而复得就是最大的富足……

当一个人特别贪心，有很多的欲望，那么富足就会变成无法实现的奢望；当一个人懂得感恩，有意识地减少欲望，那么富足就会变得触手可及。

很多时候，人们对于自己拥有的一切并不知道感恩，例如很多身体健全的人总是抱怨命运薄待自己，因为自己不曾万事如意；很多虽然贫穷却拥有幸福家庭的人总是梦想着拥有更多金钱，直到有一天疾病来敲门，他们才恍然大悟与金钱相比，健康才是最重要的。总之，人们总是渴望得不到的东西，而对拥有的一切视若无睹。试问，假如你此刻如同海伦一样失去了视觉和听觉，那么你愿意付出多少钱重新恢复视觉和听觉，从此恢复眼睛能够看见、耳朵能够听见的正常生活呢？假如你如今身患重症，奄奄一息，那么如果能够以付出金钱的方式重获健康，那么你愿意付出多少钱呢？生活中，还有些失去了自己的爱人，又愿意付出怎样的代价让爱人重新回到自己的身边呢？

仔细想一想，我们太富有了。我们有健康的身体，有幸福的家庭，有稳定的工作，有美好的回忆，有充满希望的未来。我们拥有这么多！遗憾的是，很多人却身在福中不知福，对于自己拥有的一切都不知道感恩。而一旦等到真正失去，才发现为时已晚。

对于那些心怀抱怨和不满的人而言，他们最大的错误就是常常混淆了自己希望的处境与现在的处境。当更加关注当下，而不再进行毫无意义的幻想和比较，我们就会清醒自己正处于现状之中，也感恩自己正拥有一切。

只有真正感恩的人，才会认识到自己的富足。做人，切勿只关心得失，总斤斤计较。否则，就会陷入过度关注自我的误区中，常常脱离实际进行自我审视，因而对现状不满，受到各种负面情绪的困扰。对于自身所处的世界，我们一定要感恩知足。哪怕生活平淡如水，我们也要感恩岁月静好。哪怕不能总是得到所有人的认可与赏识，我们也要坚定不移做好自己想做的事情，完成自己的责任和使命。

古人云，身体发肤，受之父母，是很有道理的。每个人的生命来自父母，姓名来自父母。在成长的过程中，每个人都受父母和老师教育，也从同伴身上学到了很多知识和经验。可以说，每个人的成长都离不开外界的供给。我们要吃其他人制造的食物，穿其他人制造的衣服，搭乘其他人驾驶的交通工具，甚至连一些想法、观点也是因为受到其他人的引导和教育才能形成的。可以说，没有人真正拥有任何东西，因为每个人的所得都来自外界的人和各种事情。你之所以能长大，应该归功于那些食品，而生产那些食品的人你大多并不认识。既然如此，

不要认为自己是完全属于自己的，而要认识到每个人都形成于众多人和事。从这个角度来看，我们足够富有，足够幸运，理应感动、感恩和感激生命。

做人，要有回报的意识。如今，很多人都抱怨父母能够给予自己的太少，却没想到父母已经竭尽所能地帮助我们，供养我们了。当产生回报意识，我们才能更加感恩父母，也为自己从父母那里得到的一切而感到富足。至于那些抱怨和苛责父母的人，不妨想一想如果没有父母的供养，脆弱的新生命如何能够存活下来，健康成长呢？如此想来，我们一定要对父母心怀感恩，也要在有能力之后尽力回报父母。

做人，也要常怀感恩之心，认识到自己得到了很多，也拥有了很多。只有怀着感恩之心面对生活，我们对待生命的态度才会发生根本性的转变。在缺乏感恩之心时，我们只关注自己的需求，不管做什么事情都以自身的利益为重。在怀有感恩之心后，我们才会有意识地关注他人的需求，也才会注重于满足他人的需求。尤其是在人际相处中，懂得知足感恩的人会更加宽容，不会因为对得失利益斤斤计较而与他人产生矛盾和争执，也能怀着谦和的心处理好很多棘手的问题。

懂得知足感恩的人还更容易保持心理的平衡状态。每天清晨醒来，感受着清晨的微风，沐浴着和煦的阳光，我们应该由衷地感谢生命。每天夜晚睡去，仰望着繁星点点的夜空，享受着夜晚的静谧，我们应该为度过美好的一天而庆幸。在现实的世界中，每天都会发生各种意外和灾难，而我们却依然平静地享受生活，拥有日出与日落，这是多么幸运。

感恩，让一切变得更美好

感恩能让所有事情都变得更加美好，担忧焦虑却会让很多事情变得如同预期一样糟糕。面对恐惧，我们要认识到恐惧本身才是最值得恐惧的；面对痛苦，我们要认识到当痛苦到极致，我们就会想方设法地改变现状，摆脱痛苦；当被愤怒冲昏头脑，我们最重要的是恢复冷静，恢复理智，这样才能想到好的办法解决问题；当心怀内疚，切勿感到沮丧，因为沮丧和内疚都无济于事，只有积极地想办法解决问题才是王道。

总之，人生中并没有真正的绝境，很多时候我们只是被自己的内心困住了而已。最重要的在于，我们要始终心怀感恩，心怀希望，一切才会有所好转，出现契机。

即便在逆境中，也会有很多好的事情发生。要想彻底扭转心态，我们就要有善于发现的眼睛，发现生活中的美，也发现

生活中的希望，还要发现绝境中蕴含着很多生机和转机。俗话说，天无绝人之路，前提是我们始终坚持，绝不放弃。

很久以前，有两只小青蛙一不小心掉入了牛奶里。它们不停地挣扎，渐渐地，有一只青蛙累了，对另一只青蛙说："我们简直太倒霉了，居然会掉进牛奶里，我们也别徒劳地游动了，与其被累死，还不如淹死呢。"说着，这只青蛙放弃游动，很快就沉到牛奶底部，不再挣扎。另一只青蛙一直在游动，片刻也不停歇，它暗暗想道："即使被累死，也比被淹死好。我觉得我倒是很幸运，能够掉在牛奶里，毕竟这是我第一次品尝牛奶的味道。我大概是世界上唯一一只尝过牛奶味道的青蛙了吧。"这么想着，它开心起来，更加卖力地游动。一段时间之后，牛奶持续被搅拌，变得越来越浓醇。就这样，青蛙居然奋力一跳，离开了牛奶，恢复了自由。

在这个故事中，第一只青蛙感到特别绝望，对自己掉入牛奶的厄运满怀抱怨，最终被淹死在牛奶里。而第二只青蛙则有乐观主义的精神，还很庆幸自己有机会品尝到牛奶的滋味。就这样，它一直不停地游动，最终把牛奶搅拌得更加黏稠，而他也得到机会逃离。

现实之中，即使面对同一件事情，不同的人也会做出不同的反应。同样面对灾难，有的人能够振奋精神，勇敢直面；有的人却只想逃避，不愿意承担责任。不同的反应，使得他们采取不同的行动，获得不同的结果。要想在逆境中扭转命运，要想在坎坷中获得成功，就要心怀感恩，奋起抗争。

第六章

自我肯定，实现人生的价值和意义

人生在世，不管做什么事情，都需要毅力。一个人即使有天赋，如果没有毅力，就无法获得成功，这是因为在追求成功的道路上必然遇到各种艰难险阻，没有毅力的人总是轻易放弃。一个人接受高等教育，如果没有毅力，也不可能做出成就，这是因为成就远在高山之巅，必须有毅力才能坚持攀登抵达山巅。

成功，就是再次尝试

心理学家曾经进行过一项实验，即把一个水族箱从中间用玻璃隔开，玻璃是透明的，看上去仿佛空无一物。然后，心理学家在水族箱的一边放入鳄鱼，在水族箱的另一边放入小鱼。鳄鱼一看到小鱼就马上发动进攻，一次又一次进攻时，它都被透明的玻璃挡住，眼睁睁地看着小鱼却吃不到小鱼。在经过多次进攻之后，鳄鱼终于彻底放弃了。看到鳄鱼不再尝试进攻小鱼，心理学家去掉透明的玻璃挡板，这样鳄鱼就能吃到小鱼了。让心理学家惊讶的是，哪怕小鱼就在鳄鱼的眼前游动，鳄鱼也丝毫不为所动，更不尝试吃掉小鱼。最终，鳄鱼被活活饿死了。看到这里，我们也许会嘲笑鳄鱼，因为鳄鱼真的太愚蠢了。然而，面对日常生活中的各种挫折和磨难，我们也难免会和鳄鱼一样彻底放弃，任凭环境左右。

很多人因为无奈或者无力抗争，而把一切归结于命运。他们哪里知道，命运只是逃避的借口。从本质上来说，每个人都真正主宰和掌控着自己的人生。因此，不管遭遇怎样的困境，

我们都要全力以赴做好自己，不到最后一刻绝不轻言放弃。正如人们常说的，坚持到底就是胜利。坚持虽然很难，但是坚持在很多情况下都是唯一的选择和应对的方法。

有个男孩原本健康可爱，却因为一次火灾被严重烧伤，导致下半身失去了知觉。他不得不坐在轮椅上，每天都精神萎靡不振，仿佛对于继续活下去已经彻底失去了希望。看到男孩的样子，妈妈特别担心，也很心疼他。终于，男孩在熬过若干次手术后死里逃生，可以出院回家了。妈妈带着男孩离开了城市里的高楼，回到了农村的庭院里居住，这样男孩可以更方便在庭院里晒太阳，缓解压抑的心情。

起初，男孩特别抵触出门，哪怕是从屋子来到院子里，他也不愿意。他其实是担心无意间被他人看见，不但会吓到他人，也会使自己很尴尬。随着时间的流逝，他渐渐地接受了自己被严重烧伤的事实。有一天清晨，男孩被院子里的鸟叫声唤醒，他躺在床上闻着院子里飘来的花香，对妈妈说："妈妈，我想去院子里看看。"妈妈高兴地抱着男孩坐上轮椅，推着男孩来到院子里。几个月没出门，冬天已经走远了，院子里阳光明媚，鸟语花香。正在这时，屋子里的电话响了，妈妈让男孩先留在院子里，她则飞奔回屋子里接电话。

男孩独自待在院子里，看着百花盛开，听到小鸟鸣叫，突然间想到："我还这么年轻，不能就这样坐在轮椅上度过一生。我必须站起来，我一定要站起来！"这么想着，男孩支撑着轮椅的扶手站起身来，却因为重心不稳而重重地摔在地上。妈妈闻声跑来扶起男孩，心疼不已，男孩却安慰妈妈："妈妈，放心吧，我一定要站起来。我相信我一定能做到。"此后的日子里，男孩一改颓废的模样，每时每刻都在练习，增强体能，加强力量，不管摔倒多少次，他都不曾放弃。一年多之后，他真的能站起来了。接下来，他立志要学会走路，学会奔跑。随着坚持锻炼，他居然感觉到腿部很疼痛。对于别人而言，疼痛也许是一件糟糕的事情，但是对于男孩而言，疼痛则意味着他的双腿恢复了知觉。他激动得热泪盈眶，对于康复充满了信心。后来，他居然成为田径赛选手，并且获得了世界级奖项。他，就是葛林康·汉宁博士。

从葛林康·汉宁博士的人生经历中，我们可以得知，所谓成功，就是比失败再多尝试一次；所谓强大，就是不管跌倒多少次都能勇敢地站起来；所谓勇敢，就是不惧怕失败和伤痛。曾经被断言要坐在轮椅上度过下半生的葛林康·汉宁博士都能成为田径赛选手，并且取得特别优异的成绩，那么还有什么事情是我们不能去尝试，也不敢去尝试的呢？当我们一次又一次地尝试，从不畏惧跌倒而站起来，那么我们就离成功不远了。

在自然界里，人是万物的灵长。那么，人和动物有什么区别呢？本质的区别在于，人是有理性的，也有顽强不屈的意志力。记住，人生原本就是一场充满惊喜的旅程，也是一场充满挑战和磨难的修行。只有真正的强者才能战胜人生的各种困厄，在生命的历程中逆袭。人们常说要尽力而为，其实这远远不够。要想创造出独属于自己的精彩人生，我们就要竭尽全力，拼搏到感动自己。任何时候，都要坚持尝试，而切勿轻易承认失败。正如海明威《老人与海》中的桑迪亚哥老人所说的，“我可以被打倒，却不会被打败”。做人，就要有这样的精神！

失败，也可以很漂亮

人人都渴望成功，而惧怕失败，殊不知，失败是成功之母，如果没有失败，也就无所谓成功。毕竟在这个世界上，能够一蹴而就获得成功的人少之又少，正如建造高楼大厦必须先夯实基础，人生也需要以失败夯实基础，才能获得伟大的成就。

爱迪生被誉为“电灯之父”，正是因为他发明了电灯，所以整个世界才能更早地迎来光明。然而，很少有人知道，为了发明电灯，爱迪生一共经历了多少次失败。有人说爱迪生经历了一千多次失败，这个数字已经让人咋舌了，但是爱迪生对此做出了更令人感到震惊的解释。

当被记者提问如何面对一千多次失败，又有何感想时，爱迪生当即否定道："我并没有经历一千多次失败，我只是通过实验发现了一千多种材料不适合用作灯丝。"仅从这个回答，我们就不难看出爱迪生的确具备不同寻常的思维，也具备成为发明家的品质。对于普通人而言，在尝试一千多种材料，依然没有找到合作的材料用作灯丝后，一定会颓废沮丧，甚至在失败几十次之后就会放弃了。但是爱迪生没有，每发现一种材料不适合用作灯丝，他都会觉得自己距离发现适合用作灯丝的材料又近了一步。为此，他才能坚持再次尝试。在他的心中，失败是非常宝贵的，不但告诉他哪种材料不能用来制造灯丝，而且为他积累了宝贵的经验，使他进行下一次实验时距离成功越来越近。

我们也应该向爱迪生学习，以积极乐观的心态面对失败，也踩着失败的阶梯努力向上攀登。在这个世界上，如果没有苦，就无所谓甜；如果没有失败，就无所谓成功。正是因为得到失败的衬托，成功才显得难能可贵，成功的滋味也才会那么甘甜。所以对于失败者而言，避免失败是不可取的，最重要的

是面对失败依然能够振奋精神，无所畏惧，勇往直前，继续尝试。

我们要学会换一种方式看待失败。如果说成功是正式演出，那么失败就是正式演出之前进行的排练和预演。要想完美地呈现在舞台上，进行一定次数的排练和预演是很有必要的。如果说成功是正式的考试，那么失败就是在参加正式考试之前的一次又一次单元测试和模拟考试。很多人埋头苦学，压根不知道自己对于各种知识点的掌握情况，一旦在正式考试中暴露出问题，他们当即就会心慌意乱，影响正常发挥。如果能够提前进行测试和模拟考试，那么就能尽早发现问题并解决问题，从而在身经百战之后参加正式考试时能超常发挥，取得好成绩。孩子们在进入高三阶段后，都会频繁地做试卷，其实就是为了尽早发现掌握薄弱的知识点，也在随时随地查漏补缺，夯实基础。所谓“养兵千日，用兵一时”，正是如此。

大多数人之所以害怕失败，是因为他们觉得失败者特别难堪。其实不然。失败的姿态也可以很美丽、很潇洒，关键在于我们采取怎样的态度和做法面对失败。实际上，与轰轰烈烈的成功相比，漂亮洒脱的失败是更令人印象深刻的，也更令人无限怀念。我们要采取端正的态度和正确的视角看待失败，把失败视为成功的前奏，把失败视为成功的调味料。正如人们常说的，越是轻易得到越是不会珍惜，而对于自己历经千难万险实现的一切，大多数人都会加倍珍惜。正是因为有了成功之前的若干次失败，成功才会显得特别宝贵，也才会显得弥足珍贵。在这种情况下，我们对于成功的感悟更加深刻，对于失败的认知也将会更加全面。记住，天上不会掉馅饼，世界上也没有随随便便就能获得的成功。不管发生怎样的情况，我们都要不忘初心，砥砺前行。

在绝大多数情况下，失败并不意味着全盘皆输，而只是表明我们在这一次的努力中暂时没有获得成功而已；失败也不意味着我们没有任何成就，说不定我们从这次失败中积累的经验在下一次尝试时就能派上大用场；失败也不意味着我们天资愚钝，要知道，哪怕是真正天赋异禀的人也有可能遭遇失败。人们常说狭路相逢勇者胜，其实，在竞争激烈的当今社会中，狭路相逢不怕失败的人才能笑到最后，获得真正的成功。

失败，给了我们重新开始的机会，让我们把前面的所有付出和努力都一笔勾销，从而轻装上阵。失败，给了我们推翻一切的勇气，既然已经下定决心告别过去，迎接未来，那么我们何必流连忘返呢？在世界上，所有人都曾经经历过不同形式的失败。我们要始终牢记，失败是成功之母。这句话告诉我们失败是有价值，有意义的，也告诉我们要坚持激励自己，持续勇

敢迈进。

不要轻易放弃

在漫长的人生旅程中，尽管人人都祝福自己和他人万事如意，但仍然会有形形色色的不如意，甚至连走在平坦的道路上都有可能被绊倒摔跤。

人生中既有阳光明媚的天气，也有乌云压境的时刻。太阳公公很调皮，常常会故意躲藏在乌云后面，让我们感受到暂时的阴冷与黑暗。但是，我们始终都要坚信太阳公公一定会走马上任，继续为世界提供光和热，也让世界变得生机勃勃。所以不管遇到多么糟糕的情况，我们都要始终心怀希望，都要坚定不移地向前迈进。即使受到失败接二连三的打击，也不要轻易气馁，只要用心对待失败，我们总能寻找到成功的蛛丝马迹。

在这个世界上，只有一种真正的失败，那就是放弃。对于继续尝试和努力的人而言，所谓失败只是暂时没有成功而已。遗憾的是，有些人特别脆弱，无力承受失败，为此他们选择放弃努力，绝不尝试，使人生停滞不前，失去变化。不得不说，这种状况更是特别糟糕的，因为失败尚且能够积累经验，而无所作为只会导致我们一事无成。在避免失败的同时，我们也彻底失去了成功的一切可能性。毕竟对于从不努力的人而言，成功是不会从天而降的。

记住，人生从来不会真的万事如意，更不会一帆风顺。越是置身于艰难的人生困境中，我们越是要发挥顽强的意志力，竭尽全力获得成功。

1883年，工程师约翰·罗布林突发奇想，想要建造一座大桥，横跨曼哈顿和布鲁克林。要知道，曼哈顿和布鲁克林之间的距离特别遥远，为此很多桥梁专家们当即否定了他异想天开的想法，而且建议他马上放弃这个想法，以免为此蒙受惨重的损失，导致骑虎难下。

约翰的儿子华盛顿也是一名工程师，而且颇具天赋，前途无量。当所有人都反对和否定约翰时，华盛顿却坚定不移地站在父亲身边，他认为父亲一定能够获得成功。为此，他和父亲联起手来设计大桥，并且在多次碰壁之后终于说服银行家们对大桥进行投资。就这样，他们从一无所有到具备施工的各种条件，为此，他们大张旗鼓地动工了。遗憾的是，才开始建造大桥几个月，施工现场就发生了重大事故。在这次事故中，约翰不幸失去了宝贵的生命，华盛顿则大脑严重受伤，失去了行动和说话的能力。接下来，只剩下华盛顿继续负责这个项目了。

那么，华盛顿还能坚持下去吗?

正当大家都以为该工程会彻底烂尾时，华盛顿恢复了知觉，他的思维依然敏捷。他决定继续修建大桥，然而，他首先需要解决的是与人沟通的问题。最终，他决定利用唯有能够活动的手指与他人沟通。他用那根手指敲击妻子的胳膊，这仿佛是只有他和妻子才懂得的密码，妻子会把他的设计意图翻译出来，告诉那些负责修建桥梁的工程师们。在长达十三年的时间里，华盛顿凭着顽强不屈的毅力，以用手指敲击妻子胳膊的方式，指导工程师们建造了雄伟壮观的布鲁克林大桥。

和身残志坚的华盛顿类似，法国记者博迪年轻时身患重病，导致四肢瘫痪，只有左眼能动。即便如此，他依然坚持完成自己患病之前的著作。他通过眨动左眼的方式与助手交流。每次，助手都按照顺序读出法语常用字母，每当助手读到正确的字母时，博迪就眨一下眼示意助手选择该字母。因为博迪只能靠着记忆判断词语如何拼写，所以常常出现错误，这个时候就需要查辞典才能确定。为此，博迪和助手进展缓慢，每天只能完成一两页书稿。不管是对于博迪而言，还是对于助手而言，这项工作都是极其枯燥和艰巨的。直到几个月之后，博迪和助理终于完成了著作《潜水钟和蝴蝶》。在此期间，博迪总计眨动左眼20多万次。

在世界上，大多数人之所以很平庸，并非是因为他们没有天赋或者缺少智慧，而是因为他们面对艰难的处境丧失了勇气，面对各种各样的难题忍不住想要逃避。

正如波德莱尔曾经说的，只要你敢于开始，那么你就能完成任何工作，因为世界上没有任何工作是旷日持久的。想想吧，华盛顿只靠着一根手指就能建造堪称奇迹的布鲁克林大桥，博迪只靠着一只眼睛就能完成一本厚厚的著作，那么对于我们而言，只要做好充分的准备当机立断地去做，还有什么事情是无法完成的呢？

真正的弱者，是内心脆弱的人。真正的强者，是内心强大的人。对于人世间的很多事情而言，一切结果都是人为导致的，正因如此，人们才说事在人为。卡尔文·柯立芝是美国第三十任总统，他说，每个人要想获得成功，都离不开毅力，因为毅力是无所不能的，也是所向披靡的。

认可自身存在的价值

有个男孩从小被父母抛弃，独自在孤儿院里长大。他总是满腹心事，神情忧郁。有一天，男孩悲伤地问院长：“院长，

我一定不该来到这个世界上，对不对？其他小朋友都有父母，唯独我的父母把我抛弃了，他们一定很讨厌我，我不知道自己为什么活着？”听了男孩的话，院长笑而不语。

一天上午，院长拿来一块石头给男孩，说：“你现在就拿着这块石头去市场上售卖，但是，你要记住你不用真的卖掉石头，而只要知道人们愿意出多少钱购买这块石头就行。千万记住，不管别人出多么高的价格，你都绝对不能卖掉这块石头。”

男孩不知道院长的用意，但依然乖乖地拿着石头去了市场。他不敢去人多的地方，就找了个偏僻的角落把石头摆在地上，自己则沉默地蹲在石头旁边。出乎意料的是，很多人都好奇地问他关于石头的事情，而且其中不乏有些人愿意出极高的价格购买石头。男孩有些心动，也很纳闷这块石头为何值这么多钱，不过他始终记得院长的叮嘱，没有把石头卖掉。

当天下午，集市散了，男孩兴高采烈地拿着石头回到孤儿院，迫不及待地跑去向院长汇报情况。男孩询问院长石头为何这么值钱，院长还是没有向男孩解释，而是让男孩次日拿着石头去黄金市场叫卖，依然是只了解价格，而不真正卖掉。让男孩惊讶的是，在黄金市场上，居然有人出相当于前一天最高价十倍的价格购买石头。男孩依然不为所动，坚决不卖掉石头。

当天傍晚，男孩又把情况告诉院长。这一次，院长让他次日把石头拿到宝石市场上售卖。男孩知道院长这么做一定是有用意的，没有再追问院长真正的原因，而是在第三天一大早就拿着石头去了珠宝市场。结果，石头的价格又达到了前一天最高价的十倍。男孩始终牢记不管有人出多少钱，都坚决不能卖掉石头的原则。很快，珠宝市场的人都开始议论，说有个男孩拿着一块稀世珍宝在卖，而且不管大家出多少钱，他都不为所动。渐渐地，很多人都聚拢到男孩身边观看这块石头。

这天傍晚回到孤儿院，院长语重心长地对男孩说："你看，同样是这块石头，在集市上是一个价格，在黄金市场上是另一个价格，在珠宝市场上又是一个价格。其实，这块石头特别普通，是我从花园里捡来的，但是因为出现在不同的环境中，所以它的价格水涨船高。人生命的价值也是这样，当你进入不同的环境中生存，你的价值就会随之变化。所以千万不要自轻自贱，而是要努力地进入更好的生存环境中，这样你就会认识到自己的可贵之处。"男孩茅塞顿开，从此之后他再也不怀疑自己的存在毫无意义了。相反，他努力学习和成长，最终考入了一所名牌大学，离开了孤儿院。从此之后，人生的崭新画卷在他面前铺开了。

现实中，很多人尽管出生于健康的家庭，却依然因为各种原因而自轻自贱，自暴自弃，不思进取。他们庸庸碌碌地度过

一生，白白浪费了宝贵的生命时光，而一事无成，一无所有。

在这个世界上，每个人都是独一无二的存在，都是不可取代的。既然如此，我们要认识到自身的独特价值，也要明确自己的生命意义。常言道，是金子总会发光，由此可知，我们即使暂时被埋没，没有机会展现才华，也不会因此就导致价值贬低。

在一次集会上，一位演讲者拿出一张20美元，询问在场的听众："这是20美元，谁想要？"人群中马上有很多人都高高地举起手。演讲者看了看人群，笑着说："我的确决定把这20美元给你们之中的某个人，但是，我必须先做点儿什么……"说着，他把20美元揉得皱皱巴巴。然后，他举起皱皱巴巴的20美元，继续问道："现在，谁还想要？"不出他的所料，依然有人高高地举起了手。

演讲者满意地点点头，把20美元丢在地上，又狠狠地用脚踩了几下。然后，他捡起20美元，告诉听众们："现在，这张20美元不但皱皱巴巴，而且脏兮兮的，你们之中谁还想要呢？"当然，还有人举手。

演讲者忍不住笑起来，说："看来，在座的各位之中有很多人都特别明白，知道这张20美元的价值并不因为被揉得皱皱巴巴，而且被踩了几脚就贬低。我相信，哪怕我继续蹂躏这张可怜的钞票，也无法改变它真正的价值——20美元。在你们心目中，它不但是一张20美元，而且能够变成很多东西，例如一顿美食、几本书、一件简单的衣服等。”

的确，不管受到怎样的对待，金钱的价值都不会贬损，除非金钱被彻底毁掉。对于人而言，自身的意义也不会因为被他人蹂躏就减弱。遗憾的是，很多人一旦受到命运的打击，或者被他人不公平地对待，就会自我贬低，甚至完全否定自己。记住，你有你的价值，每个人都有每个人的价值。除非我们心甘情愿地做出改变，否则没有任何人能够改变我们。

不惧怕失败，证明自我

惧怕失败并不能帮助我们获得成功，甚至无法帮助我们远离失败。在墨菲定律的作用下，我们反而有可能心怀对失败的恐惧，反而接二连三地失败。因而我们要做欢迎失败且勇敢面对失败的人，这样才能证明我们的实力，证明我们的价值和意义。

欢迎失败的人都有着强大的内心，他们认为一次失败不代表永远失败，做某件事情失败也不代表做人失败。他们有着

成熟的价值观，也有着足够强大的内心世界，所以面对客观事物，他们能够中肯客观地做出评价。他们很清楚，成功还是失败归根结底是他人对他们行为做出的评价，这也就意味着成功还是失败无关紧要，既然不会影响他们的价值，也就不值得恐惧。在认清楚失败的真相后，他们充满勇气，敢想敢干，积极地想要尝试生活中一切有趣的事情。他们放开手脚去做，从不担心一旦遭遇失败，就要煞费苦心地找出借口和理由进行解释，当然，他们并不准备这么做。

不惧怕失败的人都是行动派，他们不会因为自身情绪的波动就犯拖延症，也不会强求他人必须满足他们的要求或者符合他们的愿望。他们愿意接纳所有人，也愿意尽力改变一切不完美的事情。正是因为从不强求他人和他们一样，所以他们总是能够保持心平气和，而很少愤怒和冲动。他们最擅长进行情绪调节，哪怕因为失败而暂时受到打击，感觉到自我挫败，他们也会主动积极地发展各种有益的情感，为自己灌注心灵的力量。

不惧怕失败的人很爱自己，他们主动地寻求发展，抓住一切机会提升自己，完善自己。他们既不会嫌弃自己，也不会摒弃自己，更不会同情和怜悯自己。他们很喜欢自己，全然接纳自己。因为他们知道自己是与众不同的，也是独一无二的。

不惧怕失败的人把每一天都过得充实而又愉快，他们喜欢与人分享，从不吝啬，更不小气。因此，他们也得到了他人的慷慨馈赠。即使遇到难题，他们也不会退缩和逃避，更不会拖延和懒惰。他们哪怕受到突如其来的打击也不会一蹶不振，他们关心的是摔倒了如何爬起来，而不是如何哭泣以博取同情。他们一骨碌爬起来，拍拍身上的泥土，想一想接下来要如何做才能避免发生相同的情况。很快，他们又以新的姿态投入生活，怀着热情和希望，朝着人生的目的地走去。

要想做到接纳失败，我们就要学会就事论事，不要给自己和他人贴标签。失败都是一次性的，而不会对我们的人生产生难以消除的深远影响，除非我们长久地陷入失败带来的阴影中无法自拔。此外，我们还要认识到失败的价值，这样才能发掘失败可以利用的地方，为自己所用。

在这个世界上，人人都曾经失败过。面对失败，我们需要的不是安慰和鼓励，而是自我反思，找到自己失误的地方，从而及时积极地改正和完善。这样，在下一次尝试的过程中，我们才能有的放矢地弥补不足，发挥长处，距离成功越来越近。有些人认为失败除了令人绝望沮丧，没有任何作用。其实，这是对于失败的误解。俗话说，失败是通往成功的阶梯。对于从未经历过失败的人而言，他距离成功是无限遥远的。反之，对于那些多次经历失败的人而言，他们已经朝着成功走出了一步

又一步。

当抱怨自己没有足够的资本获得成功时，我们不妨想一想古今中外的那些伟大人物，是否是万事俱备才开始走向成功的？事实证明，他们在获得成功之前非但不曾具备各种便利的条件，而且吃足了苦头。《史记》被鲁迅誉为“史家之绝唱，无韵之离骚”，可见鲁迅对于《史记》做出了很高评价。然而，《史记》的作者司马迁遭受了残忍的刑罚，奄奄一息地在牢狱中完成了这部伟大的著作。如果他当时因为受到刑罚一蹶不振，放弃继续完成著作，那么现代中国就失去了一份瑰丽的文化遗产。

美国前总统林肯，在成功竞选总统之前，无数次遭遇失败的打击，例如经商破产，欠下巨额债务直到十几年之后才还完；在竞选各种政府职位的过程中接连落选，却越挫越勇，继续参与竞选；失去了深爱的未婚妻，受到了沉重的打击，不得不卧病在床一年多，但是又振奋精神继续与命运抗争……同样作为美国前总统，罗斯福患上了脊髓灰质炎，因而不得不坐在轮椅上，即便如此，他也成为美国历史上最伟大的总统之一。

只需要与这些名人进行比较，我们就会知道自己多么幸运地拥有健康的身体，拥有聪明的头脑，拥有各种各样的好机会。这意味着只要我们愿意，就可以和那些伟大的人物一样做出独特的成就。在此过程中，我们必须摆正自己的位置，要以端正的态度面对各种困境，还要明确人生的目标，从而始终保持正确的方向。

现实生活中，常常有人感慨自己命运多舛或者生不逢时，其实，他们完全忘记了反省自身，从自身寻找平庸的原因。一个人不管生在哪个时代，要想有所成就，就要充满信心和勇气。如果总是胆小畏缩，胆战心惊，不敢尝试各种事情，害怕面对失败，那么就无法抓住人生的契机。

第七章

积极乐观，坚持到底就是胜利

很多现代人都无法保持平衡的心态，或者怨天尤人，或者挑剔苛责，或者自怨自怜，或者彻底摆烂。其实，生命中是有很多小确幸的，我们要有善于发现的眼睛和善于觉察的心灵，才能在有些艰难的人生中寻找和感受快乐。

乐观面对人生

人人都渴望获得幸福，却很少有人知道幸福的真谛。大多数人误以为幸福与拥有多少物质和金钱密切相关，其实不然。真正的幸福是一种源自心底的感受，当心安且心满意足，人们就会感到幸福；当内心慌乱，又对现状不满，人们就会远离幸福。其实，在漫长的人生中，人人都会有不如意的时刻，即便是那些衣食无忧、顺风顺水的人，也会因为各种原因而感到失望、沮丧、迷惘和困惑。总而言之，没有人始终心情愉悦。有时候，命运还会与人开残酷的玩笑，使人承受灾难的打击，被意外突然袭击。每当这时，人们未免会感到沮丧绝望，哪怕发生的事情并没有严重到令人无法承受的程度，人们的内心也会充满阴云，久久无法散去。有些人因此陷入恐惧，生怕自己的人生从此与消极情绪相伴，其实完全不必这样神经紧张，因为只有了解产生情绪是正常的，才能真正掌控情绪。

人是感情动物，因为在人生中经历了不同的事情，所以必然产生不同的情绪和感受。当被消极情绪湮没时，我们最应

该做的不是抗拒，而是要坦然接受。很多人之所以一直与消极情绪抗争而无法摆脱，恰恰是因为他们没有发自内心地接纳消极情绪。事实证明，我们越是抗拒消极情绪，消极情绪越是会激烈地反弹，影响我们正常的生活。反之，我们越是接受消极情绪，消极情绪越是会尽快消失，这样我们的内心就会平静祥和，也会渐渐地找回积极乐观。当与消极情绪告别之后，我们不妨回顾这段难熬的时光，也许会会心一笑。

人们常说否极泰来，是有道理的。对于很多难题和困境，如果没有办法当即解决，那么不妨把一切交给时间。时间是最好的良药，能够让事情不断地向前发展，改变事情的局面，也能够渐渐消散我们消极的情绪，使我们再次振奋精神，充满热情和希望。正如法国著名哲学家萨特所说的，“重生是绝望的反面”。这意味着当事情糟糕到不能再糟糕时反而是好事，因为这表明事情在自身发展规律的推动下很快就会出现转机。有时候，无所作为就是最好的作为。面对棘手的问题，既然绞尽脑汁地苦思冥想也无济于事，那么不如先暂且搁置问题，好好地睡一觉，说不定等到次日清晨醒来时，我们就会惊喜地发现事情并没有那么糟糕。

这是因为与其彻夜不眠、苦思冥想，不如等待明日的太阳冉冉升起，刺破人生的阴云。实际上，一个人的心情不管多么低落，最终都会转忧为喜。因为世界本身就处于变化之中，是在不断发展的，所以哪怕一些问题正在持续恶化，也不可能继续坏下去。这就像一年之中总有四季，冬去春来是不可违背的自然规律，人生也是如此。人生总是有高潮，也有低谷，我们在高潮时无须得意忘形，在低谷时也不要灰心绝望。要相信，好运总会到来。

在天空中，不管多么厚的云都会被阳光穿透。对于人生而言，不管多么艰难的处境，都终将成为过去。从某种意义上而言，今天我们正在承受的苦难，恰恰孕育了我们明天即将拥有的幸福。常言道，不经历无以成经验。在生命之中，一切挫折、磨难都可以是有意义的。我们要想铸就坚强的品格与灵魂，就要接受挫折与磨难的历练，就要用尽全力承受痛苦的煎熬。

很多时候，我们的心情阴沉得如同夏日里即将下雨的天空，仿佛能拧出水来。这种情绪并不是短暂的，而有可能维持一两天。每当这时，我们切勿对坏情绪缴械投降，而是要“强颜欢笑”。心理学家经过研究发现，哪怕只是假装欢笑，也能在一定程度上改善我们的情绪。起初，我们的笑容也许是假的，但是笑着笑着，我们的笑容就变成真的了。

还有些人总是看轻自己，贬低自己。其实，每个人最该

看重和珍爱的人就是自己。只有自尊、自重和自爱，我们才能得到他人同样的对待。记住，世界上总会有人爱我们，珍惜我们，所以一切都会变好的。只要心怀希望，坚持梦想，我们就能掌控人生。心若改变，世界也随之改变。对待同一件事情，乐观者积极应对，悲观者愁眉不展。既然我们可以主宰自己的内心，何不乐观地应对呢？

凡事都往好处想

有个少妇因为生活不如意，感到万念俱灰，思来想去决定投河自尽。正当她跳入河里时，老艄公正在划船，赶紧把她救了。

艄公问："你这么年轻，有什么想不开的，居然要轻生呢？"

少妇哭得伤心欲绝，说："我结婚两年，先是丈夫去世了，接着孩子也不幸夭折了。我这样的人还有什么必要活着呢？活着不如死了，死了就不会这么痛苦了。"

艄公继续问道："那么，两年前，你未婚的时候感觉如何？"

少妇说："那个时候我还没有结婚，特别快乐，没有任何忧愁。"

艄公安慰少妇："既然如此，你就当这两年做了一个梦，现在命运又把你送回了两年前。你为何不能再像两年前一样生活呢？逝去的人再也回不来了，你的生活总还要继续下去啊！"

艄公的话让少妇陷入了沉思，她渐渐地产生了活下去的勇气。艄公把少妇送到岸边，叮嘱少妇："记住，日子总是朝前过的。你还年轻，丈夫还会有的，孩子也还会有的。"

这个短短的故事给了人深刻的启迪。艄公的话使少妇豁然开朗，意识到不管是逝去的丈夫还是逝去的孩子，都是自己生命中的过客，而自己终究要再次孤独地走上人生的旅程，面对未知，也拥抱未来。

人，总是要往好处想，这样才能开解自己，让自己彻底想开。俗话说，想好事就会发生好事，想坏事就会发生坏事。所以，对于已经发生的一切，我们应该坦然地面对和接受。对于任何人而言，只要把脸转向阳光，就不会被阴影笼罩。

伟大的戏剧作家莎士比亚最擅长写悲剧，他创作的很多悲剧作品让无数人落泪。对于悲伤，莎士比亚的理解特别有深度，也很独特。他说，适度的悲伤能够表达真情实感，而过度的悲伤则意味着缺乏智慧。面对突然发生的不幸，我们无须过

度苦恼；面对令人伤心的过去，我们无须一直掉泪。人生的旅程既有顺境，也有逆境，每个人都会发生各种各样的问题，也会遭遇形形色色的逆境，最重要的是调整好心态，兵来将挡，水来土掩。

人面对不幸或者苦恼表现出悲观思想，是符合人性的。但是从理性的角度来说，我们要学会控制悲伤的情绪，这样才能让悲伤保持在合理的限度内。毕竟人总是要向前看的，人生的道路也会不断地向前延伸，而不因为任何人稍作停留。

换一个角度来看，生活中出现障碍或者发生不快，也有可能是好事情。叔本华曾经说过，不管在什么时候，人都需要适度的烦恼和忧伤，这就像是行驶中的船只需要运载一些货物压舱，这样才能保证人生始终保持正确的航向。的确如此，如果人生始终都是顺境，那么我们就会过于空虚和无所事事，也有很多时间和精力无处分配。与顺境相比，适度的障碍和烦恼则能够帮助我们凝聚心神，也最大限度发挥和运用生命的力量，创造生命的奇迹。

面对生活，我们可以切换镜头。当用长镜头观察生活时，我们会发现生活是喜剧；当用短镜头观察生活时，我们会发现生活是悲剧。从这个意义上来说，我们对待生活一定要保持乐观、自信的状态，也要始终面带微笑。记得有人说过，喜剧的最高表演形式是笑中带泪。对待生活，我们何不将其当成是一出有深度有意义的喜剧呢？即使哭泣，也要带着微笑。

正如俄国诗人普希金在《假如生活欺骗了你》中所写的那样："假如生活欺骗了你，不要悲伤，不要心急！在悲伤的日子里要冷静，要相信快乐的生活终会来临。心儿为未来而热烈地跳动，眼前的事情尽管令人忧心，但转瞬之间就会消逝，一切都将变成欢愉。"

人生，不可能凡事都让我们顺心如意，与其和自己较劲，不如敞开怀抱接纳正在经历的事情，也给予自己更为广阔的空间自由地舒展，以最好的姿态投入生命。

当遇到悲伤的事情时，不如想一想那些令人高兴的事情；当因为一些事情与亲近的人发生矛盾或者产生争执时，不如想一想对方曾经做出了很多令你感动的事情，也曾经在你最需要的时候陪伴在你的身边。对于不开心的事情，我们应该将其写在沙滩上，这样当一阵浪花拍过，那些不开心就会烟消云散，杳无踪迹；对于开心的事情，我们应该将其雕刻在石头上，这样不管是风吹还是雨打，我们都会始终牢记那些事情，把别人的恩情铭记于心。

保持阳光的心态

在农村，有个老人每天都心情压抑，郁郁寡欢。看到老人整日愁眉不展，家里人都很担心，因而陪伴他来到大城市求医问诊。精神科医生询问老人究竟为何不开心，老人不知道如何描述自己的心情，只能打比方给医生听。他说："医生，我的心里就像是有两条狗在打架，其中一条是黑狗，另一条是白狗。我不知道应该偏向哪条狗，特别纠结，因而心里很难受。医生，你说我到底该怎么做呢？"精神科医生毫不迟疑地对老人说："老人家，你相信我的，你应该偏向白狗，而且无论如何白狗都会赢。"老人纳闷地问："医生，你这么确定吗？"医生笑着说："每个人心里都有一条白狗和一条黑狗。你放心吧，只要你多多喂养白狗，白狗一定会赢黑狗。白狗代表着各种积极的想法，黑狗则代表着邪恶。您该知道，邪不压正，对不对？"

在每个人的内心深处，黑狗与白狗都会爆发冲突。黑狗时而占据上风，白狗也时而占据上风。在黑狗与白狗的厮杀中，人不由得感到身心俱疲。如果人始终保持旁观者的状态，那么难免会因此受到牵连。正确的做法是，主动喂养代表积极想法的白狗，这样白狗就能尽快获胜，战胜黑狗。具体来说，不管发生什么事情，我们都要朝着积极的方向思考，把事情往好处想，这就是在喂养白狗。当我们把白狗喂养得又白又胖，那么我们就会变得快乐起来。

著名诗人弥尔顿曾经说过，每个人都要主宰自己的心灵，因为一念天堂，一念地狱。我们无法阻止很多不好的事情发生，既然如此，何不改变我们对待这些事情的态度呢？不管面对怎样的事情，我们都要看到积极的一面。很多人都读美国作家波特的著作《波莉安娜》。那么，从主人公波莉安娜的身上，我们总要得到一些启迪。波莉安娜命运悲惨，从小就失去了父母，与姑妈一起生活。但是，她是不折不扣的开心果，总能给身边的人带来快乐。她把曾经与父母一起做的“快乐游戏”教给很多人，使那些人学会在悲观的情况下苦中作乐。

波莉安娜的家里太穷，父母无法满足波莉安娜想要得到一个洋娃娃的梦想。为此，父亲写信给负责人，想要得到捐赠的旧洋娃娃，没想到负责人却给了她一副拐杖。最终，一家三口发现他们根本用不上拐杖，然而，他们意识到这是一件令人高兴的事情。这个游戏虽然很简单，却改变了他们对待生活的态度，因为他们学会了从积极的一面看待事情。

其实，要想得到快乐很简单，那就是换一个角度看待问

题。举例而言，很多现代人都有了保险的意识，因而会选择购买保险。对于那些消极的人而言，花费很多钱购买保险却用不上，这未免让他们觉得浪费金钱；但是，转念一想，花钱买了保险却用不上，恰恰说明全家人身体健康，这是值得庆幸的，也是值得感恩的。

我们不能戴着有色眼镜看待这个世界，却应该尽量消除消极的情绪，从积极的角度乐观地看待这个世界。生活原本就已经很艰难了，我们要学会保持积极乐观的心态，从而维持内心的平衡。每当发生不愉快的事情时，我们应该学习波莉安娜，退一步看待问题，就会为事情没有变得更加糟糕而庆幸。任何事情都有两个极端，与其选择看到不如意的那一端，我们不如学会转念，看到如意的这一端。

保持阳光的心态，说起来很容易，真正做起来却很难。具体来说，我们要做到以下几点。

首先，学会辩证地看待事情，既要看到事情消极的一面，也要看到事情积极的一面。例如，当我们下雨天没带伞，那么恰好可以借机享受在雨中奔跑的快乐。当我们在大太阳下没戴遮阳帽，那么恰好可以多晒晒太阳补钙。

其次，对待身边的人和事情要多多包容和理解，也学会站在他人的角度上看待问题。很多时候，我们习惯于从自身的立场和角度出发看待问题，长此以往就会形成以自我为中心的错误倾向。正确的做法是学会设身处地为他人着想，想到他人的各种艰难和不容易，这样我们就会更加宽容，也会尽量满足他人的需求。

再次，接受现实，悦纳自己。很多人之所以苦恼，是因为他们总是无法面对和接受现实，哪怕现实已经摆在眼前，不容争辩，他们也会选择闭目塞听，自欺欺人。还有些人总是对自己感到不满，认为自己不够聪明，抱怨自己长得不够高，或者对自己为人处世的方式不满。其实，每个人都有优点，也有不足，我们固然不能狂妄自大，却也不要妄自菲薄。只有理性地看待自己，发自内心地接纳自己，不与自己较劲，我们才能懂得尊重自己，也才能学会热爱自己。

最后，放缓生活的节奏，保持空杯心态。很多人志得意满，每天为了生活奔波忙碌，自以为事业有成，却在不知不觉间迷失了自己。理想的人生必须张弛有度，既不要一味地紧张和焦虑，也不要一味地放松和纵容。该努力的时候要努力，该放松的时候要放松，唯有张弛有度，才能做好自我调节，让自己的内心始终充满阳光，乐观向上。

生活的选择

面对生活，每个人都可以做出属于自己的选择。阿杰生性乐观，总是乐呵呵的，还善于激励他人。有一天夜晚，阿杰工作到很晚才下班回家，在路过偏僻的地方时，他被歹徒抢劫了，腹部还受到严重的刀伤，血流不止。路人看到他倒在地上，赶紧拨打急救电话，把他送到医院。虽然大家都很担心阿杰，但是阿杰很快就痊愈了。他又活蹦乱跳，恢复了正常生活。

同事看到阿杰，问道："当被歹徒袭击的时候，你是怎么想的？"同事原本以为阿杰会说一些感人的话，没想到阿杰只是拍着同事的肩膀，笑着说："当时，我想自己既可以选择生，也可以选择死。当然，我毫不迟疑地选择了生，所以我相信救护我的那家医院，一定能够拯救我的生命。"说着，阿杰停顿片刻，仿佛在回忆什么。短暂停顿之后，他继续说道："但是，医生们显然不认为我能顺利地活下来。在给我做手术之前，他们全都面色凝重，仿佛我的一只脚已经踏入了地狱的门槛。所以我决定逗他们笑一笑，让他们不要那么紧张。这么想着，我大声告诉他们我过敏，他们都紧张地问我对什么过敏，我说我对刺伤我的刀过敏。他们终于笑了起来，这样我就能放心地在麻药的作用下昏睡过去了。果不其然，等到醒来时，我发现自己还活着，这可真是天大的好消息。”

阿杰话音刚落，同事们也全都忍俊不禁地哈哈大笑起来。他们都想不明白阿杰为何总是能这样乐观，阿杰一本正经地告诉同事们：“每天清晨从睡梦中醒来，我们都可以选择是开心地度过这一天，还是难过地度过这一天。我当然选择开心。当然，你们也可以坚持做出好的选择，每个人都有这样的权利。”同事们恍然大悟，都对阿杰竖起了大拇指。

人生是由无数个选择构成的，我们可以选择勇敢地面对很多事情，也可以选择怯懦和畏缩。毋庸置疑的是，每一个选择都不同程度地影响和决定了我们的未来。

很久以前，有个音乐家触犯了法律，被判处死刑。在被执行死刑的前一天晚上，他居然拉起小提琴，悠扬的琴声在牢房里飘荡。狱卒不明所以，好奇地询问音乐家：“明天，你就要彻底离开这个世界了，你怎么还有心情演奏小提琴呢？你这么做又有什么意义呢？”音乐家纳闷地反问狱卒：“那么，你觉得我应该什么时候拉小提琴呢？等到明天，我就没有机会再演奏心爱的小提琴了，此刻当然是最好的时刻。”

的确，在告别人世的最后一个晚上，对于热爱音乐的音乐家而言，让音乐陪伴他度过最宝贵的这个夜晚，是最好的选择。如果因为次日就要离开人世而悲伤哭泣，那么连最后这个

夜晚都会白白浪费了。

阿维尔是法国诗人，他特别热爱文学，一生之中都希望自己能够实现文辞的极致优雅和精练。在生命的最后时刻里，他奄奄一息地躺在病床上，眼睛定定地看着某个地方。负责照顾他的修女看到他一动不动，还以为他即将气绝，因而冲着门外大声喊叫，提醒门外的人把走廊的某个东西拿进病房。然而，修女把走廊读错了，阿威尔听出了这个错误，当即艰难地睁开眼睛，告诉修女走廊的正确读法。做完这件事情后，他才安然地闭上眼睛，溘然长逝。

对于很多人而言，在死亡即将到来的时刻，他们要做的事情往往是他们活着的时候最看重的事情。正因如此，才有人说，只要看一个人是如何死的，我们就会知道他们是如何活的。对于任何人而言，真正成功和圆满的人生，就是他们在即将离开这个世界的时候无怨无悔，没有任何遗憾。有些人已经进入人生暮年，却常常对自己的一生感到懊悔，总是说“如果人生能够重新来过，我们就会如何如何”。不得不说，这样的想法徒劳无益，因为人生没有重来的机会，时光更不会倒流。与其等到垂垂老矣再懊悔虚度人生，不如趁着还能把握生命的时候过充实精彩的人生，这样到老了才会没有遗憾。

很多人都把一生归结于命运的安排，其实这是一种逃避行为。对于所有人而言，不管拥有怎样的人生，都是他们的杰作，与所谓的命运无关，与其他人也无关。印度诗人泰戈尔曾经说过，“如果你因为错过太阳而不停地哭泣，那么你必然错过群星”。对于那些已经发生的事情，既然注定无法更改，那么我们没有必要悲叹。在生命的长河中，我们要始终坚持向前看，做自己能够掌控的事情。当可以爱的时候，我们要投入全身心去爱值得爱的人；当还有机会实现梦想的时候，我们要全力以赴实现梦想，哪怕遭遇失败也没有遗憾。任何时候，人生的选择权都把握在我们的手中，所以我们要坚定不移地过自己想要的人生，要在深思熟虑之后在心的指引下做出自己想要的选择。记住，除了你自己，没有人能为你的人生负责，当然，也没有人能为你的错误买单。任何时候，我们都要把自己当成是人生的第一责任人，过好属于自己的一生，无怨，无悔，无憾。

过自己想要的生活

人人都想过自己想要的生活，然而，这并非一件容易的事情。首先，每个人理想的生活都是不同的；其次，人生的发展

和走向受到很多因素的综合作用和影响，所以无法只凭着主观意志决定，而要受到诸多客观条件的制约和作用；再次，有的时候我们拼尽全力实现了理想的生活，却发现那样的生活并非自己真正想要的，未免因此进入人生的歧途，不知道接下来应该如何面对人生。

古时候，有一位智者生活在闹市里，却过着闲云野鹤的生活，他既不追求功名，也不渴望利禄，只想要自由。他有一位邻居，虽然不学无术，却因为善于阿谀奉承，而出入于权贵之家，还与皇上攀附上关系。他穿着华丽的衣服，坐着富丽堂皇的马车。有一次，邻居看到深居简出的智者，不由得对智者满怀同情，说道：“你空有满腹才华却无处施展，真是委屈啊。你要是愿意向我学习，结交权贵，说不定哪一天就能得到权贵的介绍，被皇上看在眼里，加以重用。其实，你这么清高有什么用呢，只能给你带来清苦贫寒的生活。你再看看我，我要是有你一半的才华，只怕现在早就已经一人之下，万人之上了！”

智者对邻居的话不以为然，回答道：“你呀，反倒应该向我学习，白菜豆腐保平安，过着怡然自乐的生活，根本无须巴结奉承权贵，多么逍遥自在啊！”经过这次交谈，邻居和智者都认识到对方并非自己的同道中人，因而不愿意与对方走得过近。就这样，他们虽然是邻居，生活却有着天壤之别，他们在心目中，对于成功的定义也是截然不同的。

在每个人的心目中，对于成功的定义是不同的，衡量幸福与痛苦的标准也是不同的。有人认为天堂是极乐世界，地狱是痛苦的深渊，但是美国著名的小说家马克·吐温却认为，地狱有地狱的快乐，而天堂却有令人无法忍受的寂寞。在现实生活中，有的人追求高官厚禄，有的人追求荣华富贵，有的人只想出人头地，有的人却安贫乐道，甘愿过清苦的生活。这充分说明每个人对于人生的追求是不同的，判断得失的标准也是不同的。

记住，我们既要努力追求自己想要的，也不要忽视自己已经拥有的一切。只有珍惜自己的拥有，我们才能懂得感恩；只有放下得到的执念，我们才不会禁锢自己。重点在于，我们要顺从自己的本心，尊重自己的本性，追求自己真正理想的生活。

现实生活中，很多人都特别迷惘，也常常在盲目与人攀比的过程中忘却了初心。在这些人的内心深处，嫉妒的野草疯长：看到别人开豪华的汽车，也不自量力地想要换车；看到别人住上了大房子，马上对自己的“老破小”百般看不顺眼；看到别人家的孩子考上了名牌大学，当即开始督促自己只有五岁的娃娃学习，恨不得让娃娃在起跑线上直接起飞；看到别人家的老人能够提供经济援助，就抱怨自己面朝黄土背朝天的父母一无用处……总之，他们的生活中充满了比较，充满了失去平

衡的焦灼状态。

古人云，“钟鼎山林各天性”。这句话告诉我们，世界上的万事万物都有自身的天性，不能强求。尤其是人作为万物的灵长，更是有自己独特的思想和与众不同的追求，所以不管在什么情况下，我们都要笃定自己的内心，追求自己想要的生活，而不要人云亦云，更不要盲目跟风。有的时候，适合他人的生活未必适合我们，而适合我们的生活也会让他们感到难以接受。由此可见，生活是每个人为自己量身定制的，所以我们无须望着那山高，更无须超出自己的能力范围去追求很多不切实际的东西。

大部分现代人都过着忙忙碌碌的生活，每天天不亮就起床赶去工作单位，到了夜幕降临满天星辰时才会披星戴月地回家。这样如同陀螺一样高速旋转的生活使人疲惫不堪，心力交瘁，也极大程度上降低了幸福感。其实，真正理想的生活模式应该是张弛有度的，既有紧张忙碌的时刻，也有娱乐休闲的时间和空间。每天下班回到家里之后，我们可以花一些时间为家人做一餐美食，也可以捧起书本静静地阅读，感受书香。坚持阅读，给自己闲暇时间，让自己得到机会放空，不但能够让紧张的情绪得到放松，也能让快节奏的生活闲适有度，由此激发内心的灵感，提升感悟幸福的能力。

在车水马龙的街道上，有经验的老司机都知道要与前车保持安全距离，这样一旦发生危急情况，就能有余地进行缓冲，选择是进还是退。其实，人生也是如此。很多人每天都无缝衔接各项工作，完全忽略了在不同的工作项目中转换时，我们需要一点时间进行调整。就像孩子们上课，需要在每节课之间有时间休息一样，我们做每项工作之间也需要留出时间进行调整。唯有如此，我们才能以更好的状态投入接下来的工作中，实现工作的高效。

在漫长的人生历程中，人人都会经历各种各样的事情，面对各种不如意与坎坷挫折，一味地抱怨是不可取的，重要的是端正态度，以正确的方式应对。只有面向阳光的人，才不会被阴影遮蔽。国外有句谚语，叫作“赠人玫瑰，手有余香”。这句话告诉我们，在付出的同时，我们已经得到了很多的收获。反之，当我们用双手抓起泥巴，想要把泥巴糊到他人身上时，我们未必能做到这一点的，但是我们的手一定首先脏污。所以任何时候都不要对他人怀有恶意，要做内心纯良的人。

从现在开始，我们每时每刻都要怀着一颗轻松自在的心，无论外部世界怎样变幻莫测，我们都要守护住自己的清净天地。尽管外面的世界纷纷扰扰，只要我们学会降低欲望，坚持固守本心，我们就能始终坚持做好自己。这个世界有那么多人，却没有任何人能够取代我们。我们，是最独一无二的存在，我们，承载着自己真正的希望和未来。

第八章

掌控情绪，发自内心地拥抱和享受生活

人生是漫长的，让人看不到头；人生是短暂的，如同白驹过隙。归根结底，每个人对于人生的理解和定义是不同的，所以人人都该尽情尽兴地生活，才不枉此生。一想到生命如此珍贵，这一生转瞬即逝，很多人都会感到迷惘，不知道自己到底应该怎么做，才算是不虚度这一生。为了追求成功，他们盲目地模仿他人，套用他人的成功经验；为了获得幸福，他们一味地委曲求全，渐渐地迷失了自我。实际上，真正成功的人生就是做好自己，做最真实的自己，能够掌控自己的情绪，发自内心地拥抱和享受生活。

掌控心情

娜娜的母亲去世了，娜娜伤心欲绝。多年来，奶奶一直冤枉娜娜的母亲，说娜娜的母亲偷了她的黄金首饰。就在娜娜母亲去世前不久，奶奶在房子的犄角旮旯里找到了她的黄金首饰，这才意识到自己多年来都在冤枉娜娜的母亲。但是，奶奶并没有为此向娜娜的母亲道歉。得知这件事情，娜娜一直愤愤不平，她认为母亲是含着冤屈去世的，为此她见到奶奶如同见到仇人。

在母亲下葬之后，娜娜搭乘好朋友的车离开墓地。路上，娜娜把母亲悲惨的一生讲给好朋友听，并且诉说了母亲承受的委屈。好朋友也很为娜娜的母亲抱不平，认为娜娜作为女儿理应为母亲讨回公道，不管采取什么办法，都要让奶奶向着母亲道歉。好朋友的话显然助燃了娜娜的情绪，娜娜当即打电话给与奶奶同住的叔叔和婶子，向他们讲述了这件事情的始末。不想，叔叔很不赞同娜娜继续揪着奶奶的错误不放，他对娜娜说："娜娜，奶奶老了，毕竟是你的长辈。如今，你的母亲已

经去世了，我认为这件事情应该到此为止。”娜娜很不满意叔叔的态度，在电话里与叔叔大吵起来。这个时候，婶子接过电话，对娜娜说：“娜娜，我劝说你放下这件事情，不是为了你的奶奶，而是为了你。你长大了，母亲也走了，未来要自己面对社会。作为过来人，我想告诉你，对于任何事情都要争取获得主动权。这并不意味着你要控制某件具体的事情，而是说你要学会放下，让自己的心自在。你看，你无法决定奶奶是否给你的母亲一个道歉，退一步而言，就算奶奶真的愿意这么做，你的母亲也听不见了。既然如此，为何不放过自己呢？很多事情之所以过不去，是因为我们不愿意放过它们。当我们豁然开朗，愿意放下过往的所有恩怨，那些不愉快才能真正烟消云散。”婶子的话让娜娜陷入了沉思，好朋友也听到了娜娜婶子的话，沉默良久才说：“娜娜，你的婶子有大智慧。我认为你应该听她的，而且将来遇到为难的事情，也可以多多向她请教。”

让娜娜惊讶的是，在决定不再追究这件事情的那一瞬间，她感受到前所未有的轻松。她相信母亲如果在天有灵，知道她做出这样的决定，一定也会支持她的。

说起对人生的主动权，很多人都存在误解，他们认为所谓的“拥有主动权”，就是对一切事情都能掌握和操控。其实不然。试图掌握和操控所有事情的人，反而会失去真正的主动权。拥有主动权，意味着我们不要揪着那些自己无能为力的事情不愿意放下，更不要因为别人的某些行为和举动而影响自己的心情，甚至改变自己的决策。

在漫长的人生中，每个人都有可能被他人误解，也有可能承受委屈，忍辱负重。对于这一切不公的待遇，如果耿耿于怀，不愿意释怀，那么就会使自己陷入痛苦的深渊之中，无法摆脱。反之，如果能够一笑置之，真正放下，那么自己就能做到自在随心。对于那些自己无法改变和操控的事情，与其急于辩解或者解决问题，不如把所有难题都留给时间解决。时间是最好的灵药，既能够让很多事情的真相浮出水面，也能够帮助我们淡化内心的伤痛。正如英国一句谚语所说的，真相是时间的女儿。既然我们拥有时间，也能掌控时间，那么何不让时间召唤出真相呢！

每个人都要学会对自己负责，而不要把自己情绪的按钮交给他人掌控。在历史上，很多忠心耿耿的大臣都被陷害，甚至因此枉死。但是，随着时间的流逝，他们终归能够恢复清白的名声，也因此流芳百世。我们尤其是要消除内心的怨恨，因为它会使我们被困顿、被蒙蔽，无法看到人生的美好，因而浪费宝贵的生命时光。

从心理学的角度来说，真正的强者是能够掌控情绪的人。当我们不因为他人而影响自己的心情，也不因为一些突如其来的事情乱了阵脚，而是能够始终保持冷静和理性，我们就真正成熟了，也变成了人生的强者。

真正的幸福

在世界上，人人都渴望获得幸福，遗憾的是，大多数人都对幸福求之不得。这是为什么呢？一方面，每个人对于幸福的定义都是不同的；另一方面，每个人追求幸福的方式也不同。

美国著名哲学家杜威曾经讲述了他追求幸福的经历。他首先去浩如烟海的知识中寻找幸福，却最终遭遇了幻灭。继而，他四处旅行，试图在世界的某一个角落里发现幸福的踪迹，但是他累得筋疲力尽，也没有找到真正的幸福。他又把目光转向财富，发现人们为了获得财富而勾心斗角，还有很多人虽然拥有了大量财富，却越来越忧愁。最终，他通过写作的方式感受幸福，却感到心力交瘁。他迷惘了，不知道幸福在哪里，也不知道去哪里才能寻找到幸福。

直到有一天，他在火车站门前的路边，看到一位年轻的妈妈坐在汽车里，怀抱着一个正在酣睡的婴儿。正在这时，一位年轻的男性急急忙忙地走出火车站，走到那辆汽车旁。他俯身亲吻了妻子，又轻轻地亲吻婴儿，仿佛生怕动作略微加重，就会把熟睡的婴儿惊醒。就这样，一家三口团聚了，年轻的男性驾驶汽车，带着妻子和婴儿离去。杜威恍然大悟：原来，这就是幸福。

他如释重负，从此明白了幸福无时不在，无处不在。生活中的很多小事情里都蕴含着幸福，也给人带来强烈的幸福感。从杜威寻找幸福的经历，我们可以得到启示，既不要认为幸福是惊天动地的，也不要认为幸福是锣鼓喧天的。很多时候，幸福是微小的，也是恬淡的，甚至不需要过多的言语，就能给人带来心灵的震撼。

幸福，就是日复一日地过着寻常的日子；幸福，就是与自己所爱的人朝夕相伴；幸福，就是清晨的日出和傍晚的日落；幸福，就是与朋友偶然相聚，闲话家常。所以不要再舟车劳顿地寻找幸福，幸福就在你忽视的家里，就在你渐行渐远的身后。当你终于走累了，回到灯火可亲的家里，吃着家人做的美味饭菜；当你辛苦工作一天，看到孩子笑靥如花，亲密地呼唤着你；当你历经繁华，只想在安静的日子里品味小小的美好，你就会知道幸福是什么，幸福也就唾手可得。

不可否认的是，人与人是不同的，有的人年轻，有的人年迈；有的人贫穷，有的人富有；有的人落寞，有的人张扬；有的人健康快乐，有的人疾病缠身……

不管属于哪种人，真正快乐幸福的人少之又少，这是因为大多数人都被内心的欲望驱使，忘却了自己的初心。身患疾病的人渴望获得健康，生活贫苦的人渴望获得财富，腰缠万贯的人想要获得陪伴，年纪轻轻的人感慨自己没有生在好时候；年老体衰的人感慨青春一去不复返；男人渴望成功，女人向往美丽……总之，不同的人有不同的欲望，也就产生了不同的苦恼，这使得他们距离幸福越来越远。

如果说人生是一场旅途，那么有太多人都忙于赶路，而忽略了身边最美丽的风景，也有太多的人始终在憧憬遥不可及的生活，而忘记了珍惜当下。对于大多数人而言，权势名利很重要。俗话说，人为财死，鸟为食亡，所以大多数人始终在为获得功名利禄而辛苦忙碌。他们唯独忘记了，健康、快乐与幸福才是最重要的。也许直到失去这一切的那一刻，他们才会恍然大悟，只可惜为时晚矣。

快乐其实很简单，例如在寒冷的冬日里有一盏灯亮着等你归来；推开家里的那扇门，有妻子和孩子的笑脸，也有温暖的饭菜；每当生病的时候，总有人对你嘘寒问暖，关心你的身体状况；每当感到疲惫时，也有温馨的家供你休息，让你始终心安。

真正懂得幸福与快乐真谛的人，不会强求快乐与幸福。反之，他们始终坚持做好自己想要的事情，也坚持本心遵从本性做出选择。他们坚持做最真实的自己，他们洋溢着自然的笑容，他们的生活返璞归真，从不复杂。对于人生道路上的每一位同行者，他们都珍惜相识的缘分，也以真诚对待对方。哪怕只能同行一段人生旅程，他们也会倾尽全力帮助对方。

所谓幸福，就是爱你所选，选你所爱。人生中，很多人都特别犹豫纠结，因为他们不知道是该选择自己所爱的，还是爱上自己所选择的。其实，随缘就好。很多事情都讲究缘分，命运会给出最好的安排，而无须强求，无须苛责。真正拥有幸福的人是富有的，他们宽容博爱，不会为不相干的事情而苦恼，也不会为无关紧要的事情平添烦恼。他们不以善小而不为，不以恶小而为之。在生命的旅途中，他们始终坚持做好自己，遵从内心的指引。

快乐伴随着好运

只有在身心愉悦的情况下，人才能结交好运。这是因为在

感到快乐时，人更能够产生积极的想法，也会竭尽所能地去做好该做的事情，从而让自身进入良性循环的状态，不但身体更加健康，更加灵敏，心灵也会更加充实，更加柔软。针对人快乐与否的状态，心理学家进行了相关的实验。实验结果证实，当被快乐包围，人的各种感觉和知觉都会更加灵敏。例如，触觉变得更加细微，视力得到改进，记忆能力大大提升。精神医学相关研究发现，在快乐的状态下，人身体的各个器官都变得更强大。正如老所罗门王在几千年前所说的，“破碎的心会吸干人的骨髓，快乐的心就像一剂良药，帮助人治愈百病”。

针对快乐与犯罪之间的关系，哈佛大学心理学家进行了研究，最终证实了从科学角度来说，古老的荷兰谚语是正确的，即快乐的人心地善良，不会走上邪恶的道路。他们发现，很多罪犯的原生家庭都充满不幸，还有些罪犯的人际关系堪忧。针对人生的挫折与磨难，耶鲁大学也进行了长达十年的跟踪调查和深入研究，发现很多人正是因为自身遭遇不幸，才会违背道德，充满敌意。

辛德勒博士曾经说过，所有精神类疾病都与不快乐的根源关系密切，要想根治各种精神类疾病，唯一的方法就是快乐。英语中，disease（疾病）这个词语本身就代表不快乐的状态，dis是“不”的意思，ease是“安乐”的意思，合起来就表示

“不安乐、不快乐”的意思。近来，有心理学家进行了一项调查，结果显示那些积极向上、乐观开朗的企业家，更倾向于关注事物积极的一面，所以他们更容易取得好的成就。

大多数人对于快乐的看法都有失偏颇。例如，我们常常鼓励孩子努力学习，在取得好成绩之后一定会感到快乐，也常常告诫自己要身心健康事业有成才能感受到快乐，还会劝说别人要怀着仁爱的心友善对待所有人才能收获快乐。实际上，这是把快乐与很多事情的顺序颠倒了。其实，我们要先保持快乐的心态，才能全身心地投入学习与工作，也获得相应的成功；我们要先保持快乐的心态，才能宽容仁慈地对待他人，设身处地为他人着想，给予他人更多的理解和关照。

要想与快乐常相伴，我们就要养成快乐的习惯。亚伯拉罕・林肯曾经说过，大多数人只要心里一直想着快乐，就能如愿以偿地获得快乐。心理学家M. N. 加贝尔博士则认为，快乐纯粹是内心的感受，取决于我们拥有怎样的思想、态度和观念，而不取决于客观存在的外部环境，诸如外界的人和事物等。

在这个世界上，没有人能够每时每刻都与快乐相伴，因为人是情感动物，很容易受到各种因素的影响，导致情绪发生变化。就像萧伯纳所说的，当一个人认为自己很不幸，那么他就会永远被厄运纠缠。要想改变命运，唯一的方法就是彻底地

转变人生的态度，利用宝贵的生命时光思考很多令人开心的事情，这样才能应对现实生活中各种不如意的琐碎事情，发自内心地感受到快乐。从某种意义上来说，我们对各种负面情绪的反应是出于习惯。在漫长的人生中，我们一直在练习以固定的模式应对负面情绪，日久天长，我们就会不假思索地做出习惯性反应，损害自尊，丧失自信。例如，当与人交谈时被他人插嘴或者是打断，在驾驶汽车的过程中遇到路怒症患者冲着我们按喇叭，面对孩子不管上多少补习班都无法提升成绩，明明得到他人给予帮助的承诺却被他人放鸽子，等等，我们都会因此而感到生气，甚至是愤怒，为此在冲动下做出过激的举动。其实换一个角度来想，他人也许是有着急的事情需要说才会打断我们，路怒症患者也许有很多不如意需要发泄，孩子可能原本就没有学习的天赋，他人食言不帮助我们恰恰给了我们验证自身能力的机会。如此想来，我们就会豁然开朗，对他人的怨气和怒气也会得以消除。

要想治疗各种不开心和不快乐，就要使用对症的良方——自尊心。在一个电视节目中，主持人以各种标记操纵观众。当看到主持人出示鼓掌的标记时，观众们马上鼓掌；当看到主持人出示笑的标记时，观众们马上发出笑声。他们对于主持人完全顺从。很多人对于外部世界的人、事、物也完全顺从，把自己的情绪彻底交给外界的人、事、物影响和控制。长此以往，他们就彻底失去了调控情绪的权利。每个人都应该养成快乐的好习惯，这样才能自然而然地以快乐对外界的人、事、物做出反应，而在很大程度上不再受到外部条件的支配和控制。

科学家经过研究发现，郁闷的情绪不但会影响心理健康，而且会影响身体健康，甚至还会损害人的神经系统。在现实生活中，一些职场人士出现了过劳死情况，其实因为劳累而猝死只占少部分原因，更多的原因是身心压力巨大，导致身心失调。从现在开始，我们就要养成快乐的习惯，这样才能结交好运。

假如人生重来

在这个世界上，从来没有卖后悔药的，这是因为哪怕有卖后悔药的，时间也不会倒流，人生更不会重来。时间是生命的载体，一直在不停地向前流淌。一个人不管经历了什么事情，也不管多么懊悔过往的人生，都不可能让人生重来。人生就像是一条单行道，只能往前走，而不能往后退。

在墨西哥沿海的一个小渔村里有个小码头，这个码头虽然

很小，但是却很繁忙，因为村子里的人都以打鱼为生。有个美国商人坐在小小的码头上，看着一个渔夫正在划着小船，试图靠岸。小船上，有几条鲜活的大黄鳍鲔鱼。美国商人很惊讶，因为他没想到渔夫驾驶这样的小船，居然能抓住如此名贵的大黄鳍鲔鱼。为此，他主动和渔夫套近乎，询问道："抓住这些大黄鳍鲔鱼需要花费很长时间吧？这种鱼很名贵，能卖不少钱呢！"

渔夫神情淡然地回答："不，不，没有花费多少时间，才用了两个多小时。"美国商人更纳闷了，追问道："才两个多小时就能抓住这么多条大黄鳍鲔鱼，那么，你为何不停留更长时间，抓更多的大黄鳍鲔鱼呢？"渔夫不以为然地说："我家今天只需要这几条大黄鳍鲔鱼，就能买生活的必需品，还能留下几条吃，我为何要那么辛苦呢？"

美国商人问道："这才将近中午。那么，在整个漫长的下午，你准备做什么呢？"渔夫解释道："回到家里，我老婆就会把多余的鱼拿去集市上卖掉，很快就能卖掉。然后，她会买生活必需品回家，然后为我和孩子们烹饪美味的大黄鳍鲔鱼。吃完午饭，我们全家人都会睡午觉。一觉醒来已经是下午了，我通常去小酒馆里喝酒，跟兄弟们玩吉他，我的老婆则带着孩子们玩耍。总之，下午一点儿都不漫长，而是充实忙碌的！"

美国商人听到渔夫的回答，迫不及待地给渔夫出主意，说道：“老兄，我毕业于美国哈佛大学管理学专业，我认为，你很有必要采纳我的建议。你每天有那么多闲暇时间，完全可以多花一些时间抓鱼，这样就可以卖更多钱去买更大的渔船。我相信如果你每天的运气都和今天一样好，那么你很快就可以拥有一个船队。到时候，你不需要再把鱼拿到集市场上去卖，因为会有加工厂主动联系你，它们是专门生产名贵鱼种罐头的。然后，你还可以开公司，把这些罐头销售到世界各国。总之，你的前景一片大好。”

渔夫好奇地问：“那么，要实现你说的成功，需要用多少时间呢？”美国商人回答：“大概需要二十年。”

渔夫又问：“那么，二十年之后呢？”

美国人商人哈哈大笑起来，说：“二十年之后，你就可以把家族企业经营成上市企业，赚取更多的钱。你不需要再上班，而是可以彻底退休了。到时候，你搬到沿海的小渔村里生活，每天过得优哉游哉，根本不需要为钱发愁。你吃饱了就可以睡觉，睡醒了就可以出海捕鱼，权当个乐子。你还可以陪伴孩子一起玩，睡个长长的午觉，然后去小酒馆里混到夜晚。总之，你尽可以吃喝玩乐。”

渔夫忍不住哈哈大笑起来，说：“但是，你说的好日子

就是我现在过的日子啊。既然如此，我为何要舍近求远呢？我为何要等到二十年之后再过现在的日子呢？”渔夫一连串的问题，使美国商人陷入了沉思。

这是一个寓意深刻的故事，现实生活中，很多人都和美国商人一样过着舍近求远的人生。他们明明现在就可以过自己理想的生活，却逼着自己在最好的年华里每日如同陀螺一样忙个不停，美其名曰为了人生的理想努力奋斗。在他们之中，只有极少数幸运的人最终在若干年后获得了想要的生活，而大多数人则在忙忙碌碌中迷失了自己，彻底失去了人生的目标。

人生是不可能重来的，所以“假如重新活一次”根本不成立。相信大多数人都对自己现在的人生不满，等着有机会重新活一次或换一种方式面对人生，也换一种态度对待自己。既然已经开始感到懊悔，何不从现在开始就积极地改变，让人生改头换面呢？

对于所有人而言，生命都是极其宝贵的，只有一次机会。所以在人生的旅程中，我们要想避免浪费生命，就要尽早做出正确的选择。很多人勤勤恳恳如同老黄牛一样埋头苦干，到头来才发现自己耕耘了错误的地方；很多人慌里慌张往前跑去，到头来才发现自己选择了错误的方向。每个人都应该把今天当成是生命中的最后一天度过，唯有如此，才能豁达宽容，在每一件事情上都不留遗憾。其实，我们没有必要杞人忧天，早早地对未必发生的事情忧愁焦虑或者做准备。记住，生活就在当下，只有把握当下的人才算是真正地掌控了人生。

生命从来不是永恒的，因为生命的载体——时间绝不会停滞不前。实际上，过去的永远过去，未来的还未到来，所以我们真正能够把握的只有今天。我们要迎着目标努力奋斗，而不要背对着目标盲目付出。今天，才是真正的人生所在，只有度过充实美好的今天，我们才会拥有无怨无悔的昨天，也才会拥有充满希望的明天。每个人都要时刻牢记，现在，才是生命中唯一的时刻。

掌握时间，掌控人生

午后，一位旅行者走入了一片茂密的森林里，他累了，想找个地方歇歇脚。这个时候，他发现不远处有一棵老树特别漂亮，树干又圆又大，枝条遒劲有力。只需要看它那一圈圈年轮，就能知道它已经成为森林里的老者，必然充满历经沧桑的智慧和无人能及的经验。旅行者走到大树的树冠下，靠着树干休息。他很安心，因为树冠枝叶浓密，肯定能为他遮风挡雨。

星星点点的阳光透过树叶，斑驳地照射在地面上，既荫凉又不失温暖，非常舒适。很快，旅行者就睡着了。

不知不觉间，旅行者从下午睡到了晚上，依然沉浸在美梦中不愿意醒来。正在这时，周围传来骚动声，旅行者被惊醒了，他赶紧躲藏在粗大的树干后面，想要看看究竟发生了什么事情。他屏住呼吸望向树干的另一边，发现黑夜中有几百双动物的眼睛正在闪烁。他惊讶不已，赶紧爬到树上更高的地方俯视下面。原来，森林里正在召开动物大会，不同的动物都派出了代表参加会议。

在倾听片刻之后，他得知每过一段时间，动物们就会在这棵老树下召开会议，针对各种与动物们密切相关的事情进行决议。在大会中，很多动物都在抱怨人类对待它们太过残酷，不但一直在向它们索取，还试图对它们赶尽杀绝。母鸡抱怨人类抢走了它所有的蛋，母牛抱怨人类抢走了它所有的小牛，绵羊抱怨人类抢走了它所有的毛，大象抱怨人类只想杀死它们以夺取珍贵的象牙……所有动物都发言结束，蜗牛才慢吞吞地等到最后发言。它一直在耐心地倾听，并不想抢先说，因为它很确定它有机会有时间发言。旅行者发现，在其他动物迫不及待、争先恐后地发言时，蜗牛一直在耐心等待着。他不由得想起人类世界里，很多人宁愿闯红灯，也要节省几秒的时间，却导致悲剧发生，害人害己。他暗暗想道：如果人类也能和蜗牛一样有耐心，那该多么好啊！其实，这很难。就像当初他决定放下一切进行长途旅行，不管是亲戚朋友还是同学同事，全都建议他认真工作，放弃旅游的念头，还警告他等到他旅游归来，也许单位里再也没有合适的岗位给他，他很有可能面临失业的困境。但是，他真的太想旅行了，他已经厌倦了每天如同冲锋陷阵一般的生活。就这样，他踏上了旅程，每天走走停停，有的时候还会在某个地方停留很长时间进行消遣，这种感觉好极了，长期困扰他的失眠也消失了。他越来越想不明白此前为何每天都有那么多事情要做，逼迫得自己几乎喘不过气来。

听着动物们的发言，旅行者深受触动。他知道动物们的控诉都是事实。经历了这次动物会议，旅行者有了更多的感悟。他知道和知识相比，经验是更加重要的。他也知道自己应该调整生活的重心，以享受生活为重，而不要为了工作彻底丢掉生活。他知道当回到人类社会再遇到堵车的时候，一定要耐心地等待，而不要烦躁地摁喇叭。

在蜗牛慢吞吞地等待发言时，旅行者一直在思考着。这个时候，蜗牛终于开始发言了，它说："我知道人类从你们身上夺走了很多，其实，人类也想夺走我唯一拥有的，只是他们无法做到，否则他们一定会去做的。所有人类都缺乏我享受岁月

乐趣的能力，所以他们只能成为时间的奴隶，而不能成为时间的主人。”动物们给予蜗牛热烈的掌声，它们都觉得蜗牛这样的能力太珍贵了，也很庆幸人类无法夺走蜗牛的这种能力。

蜗牛的话使旅行者茅塞顿开，原来，真正的乐趣并不在别处，也无须像他这样漫无目的地旅行才能寻找到，而是在岁月之中。他当即决定收拾行囊回家，因为他已经找到了人生真正的乐趣所在。

人生看似漫长，实则短暂，所以很多人穷尽一生都在与时间赛跑，却从未想过时间应该成为我们最好的朋友。新生命从呱呱坠地开始，就在父母的催促下急着长大。等到孩子两三岁，父母就把他们送入幼儿园，让他们养成各种习惯，以备将来升入小学进行正规学习做准备。孩子们从六岁开始读小学一年级，仿佛进入了人生的快车道，从此之后就开始了工作日在学校里读书、休息日在各种补课机构里补习的生活。好不容易熬过初中和高中，孩子们即便考上大学也不能消停，因为接下来还要拼尽全力考取研究生，为找到一份好工作读博。进入职场后，每个成年人都背负着沉重的压力，既要完成繁重的工作，又要照顾好家庭，很快就成为上有老人下有小孩的中年人，简直连生病都不敢。大多数人就这样仓促地过完一生，到头来才发现自己没有一天享受过慢生活，更没有闲情逸致观赏人生路上的风景。

真正的生活不该是这样急促的，不如慢下来欣赏路边绽放的一朵小花，与朋友喝茶聊天话家常，给孩子一个充满善意和耐心的微笑，时而停下来阅读一本好书，每天都告诉自己要学会投入地享受生活。在自然界里，橡树之所以高大强壮，恰恰是因为它生长得很慢。对于人类而言，也是同样的道理。人生，不该只有忙碌，而没有享受；不该只有匆忙，而没有缓慢；不该只有感叹，而没有抒情。对待人生，我们习惯了争分夺秒的紧张，而缺少了随遇而安的淡然。

第九章

应对压力，把压力转化为人生的永恒动力

每个人都很熟悉压力这个词语，尤其是在现代生活中，大多数人都承受着不同程度的压力。在漫长的人生中，每个人都始终与压力相伴，直到生命结束。不会应对压力的人会因此身心俱疲，从始至终没有机会放松下来，真正享受生活；而拥有心理免疫力的人能化压力为动力，让自己的生命因压力而更精彩。

千变万化的压力

作为人类忠实的朋友，压力与人类的关系特别亲密。但是，压力的名声可不怎么好听，每当压力出现，总是会带着紧张、焦虑、挫败等负面和消极情绪。正因如此，大多数人才会对压力避之不及。

人类畏惧压力是有原因的，也有充足的理由。从科学的角度来说，常见的致死原因中，有七种原因都与压力密切相关。这七种原因依次是心脏病、癌症、中风、受伤、自杀或者谋杀、慢性肝部疾病和肺气肿–慢性支气管炎。哪怕压力并没有大到与这些导致死亡的各种疾病产生必然的联系，也会让人感到无法承受。

如今，人类对于压力的研究越来越深入细致，并且依稀看到了导致压力的根本性原因。从个体的角度来看，压力产生于个体的实际能力不满足环境的需求；从组织机构的角度来看，压力产生于领导者效率低下，导致整个团队如同一盘散沙；站在社会的角度来看，压力产生于国家或者社会失去能够使其保

持正常运行的机构，因而处于混乱的状态。有的时候，即使面对相同的压力，个体、组织机构、国家或者社会都会产生深远的影响。

大多数人误以为压力只有一副面孔，实际上，压力的面孔是千变万化的。远古时代，我们的老祖宗还居住在山洞里茹毛饮血时，压力就已经应运而生了。例如，那些异常凶猛的野兽是压力，那些饥肠辘辘的饥饿是压力，那夏日里灼人的骄阳是压力，那寒冬里令人无法忍受的寒冷是压力。如今，已经过去了几千年，虽然人类不断地进化，精神文明发展得越来越繁荣，也因为有了城市而隔绝了旧日森林里的各种压力，但是压力并没有消失，反而变本加厉，如影随形。每个月都要按时偿还的月供是压力，每个月都需要支付的各种账单是压力，一波三折的爱情是压力，孩子学习成绩不理想是压力，各种各样突如其来的意外和疾病是压力，竞争激烈的职场和随时都有可能失业的现状是压力……总之，压力并没有减少分毫，反而变得越来越多，越来越大。

进入信息大爆炸的时代，随着网络的快速发展，各种网络平台发展迅猛，信息传播的速度越来越快，但是人与人之间却渐行渐远，界限感也变得越来越模糊，这使每个人每时每刻都要面对信息的轰炸，不但承受着自身的压力无处遁形，还常常对他人的压力感同身受。很多时候，我们只想当个事不关己的看客，却一不小心就被卷入激烈的网络舆论场里，被动地成为参与网络争论的一方。不得不说，压力与环境是融为一体的，又因为社会环境处于不断发展和变化的状态，所以个体的各种需求也持续地改变着。在这些因素的综合作用下，压力的面具越来越多，越来越富于变化。

面对压力这个持续变脸的对手，很多心理学家都如临大敌，并且进行了漫长的研究。他们最大的愿望就是找到压力各种面孔的共同特性，唯有如此，才能战胜压力，变压力为各种积极的力量。正如孙子在《孙子兵法·谋攻篇》里所说的："用兵之法，十则围之，五则攻之，倍则分之，敌则能战之，少则能逃之，不若则能避之。"这句话告诉我们面对不同实力的敌人，应该随机应变，采取灵活的策略应对，如果没有获胜的可能，也可以逃之夭夭，保全自己。应对压力，我们也要采取这样的策略，先评估压力到底有多大，然后分而治之，逐个击破，战胜压力。

首先，我们要寻找压力产生的根源。在生活中，所有事情都可能引发压力。接下来，就让我们了解一些压力的常用面孔吧。

在压力所有的面孔中，创伤性事件无疑是最狰狞的面孔。2019年4月的某个夜晚，举世闻名的巴黎圣母院突然发生火

灾，引起了世界性轰动。大概半年前，巴西博物馆也发生了火灾，因此失去了代表美洲历史的两千万件珍贵的藏品。在人类历史上，总有这样堪称浩劫的灾祸突然来袭，令人无法接受，心痛不已。这些事件给人类带来了巨大的压力。对于个体而言，一旦发生灾难性事件，例如亲人突然离世，个人发生严重的意外事故等，个体就会感到特别无力，特别迷惘。在承受各种打击的过程中，整个过程充满了压力，给当事人带来了严重的身心伤害。这种伤害未必能在短时间内消除，很多伤害的影响力往往持续很久。

在所有的压力面孔中，离别之痛是最悲伤的面孔。人是社会性动物，必须要在人群中生活，没有人能够成为真正的生命孤岛，也没有人能够离群索居独自生存。群居特点和社会属性，决定了人类在面对身边人的离开时会承受巨大的悲痛。这种悲痛不是单纯的悲伤，而是复杂的情绪综合体，既有伤心、绝望、无助，也有后悔、自责和懊丧等。因为陷入这种复杂的消极情绪中，人类的思想甚至会随之改变，对于生命的核心假设也有可能因此变化。在悲伤渐渐消散后，为了更好地应对生活，我们必须接受失去亲人的事实。遗憾的是，对于这样的永久性改变，并非所有人都能适应；对于巨大的悲伤和痛苦，也并非所有人都能顺利地走出去。

在现实生活中，很多人都曾经经历重大的生活改变，面对这样沉重又巨大的打击，他们的脸上呈现出最绝望无奈的神情。所谓重大生活改变，诸如幼年丧父或者幼年丧母、中年丧子、老年失去配偶，也包括离婚等婚姻变故。需要注意的是，并非只有消极的事件才会给人带来巨大的压力，有些时候，那些使人狂喜的事情也会带来压力。例如，结婚和怀孕等喜事使人承受压力，增加家庭成员或者因为工作上获得晋升而不得不搬家，也使人压力倍增。

现代职场上，竞争越来越激烈，内卷现象尤其严重，为此很多职场人士都倍感疲倦。从某种意义上来说，疲倦已经成为现代职场人士的常态。2015年，网络上被一封别具一格的辞职信刷屏，和传统的辞职信洋洋洒洒长篇大论不同的是，这篇辞职信只有短短的一句话——“世界那么大，我想去看看”。这封辞职信之所以能火爆全网，恰恰是因为它道出了无数职场人士的心声。对于无数工薪阶层而言，工作的压力是所有压力的来源，身在职场的他们不得不面对复杂的人际关系，被卷入各种各样的比较之中，每时每刻都在渴望升职加薪却不能如愿。因为严重内卷，竞争激烈，他们还担心自己会被取代，成为失业人群中的一个数字。切勿小瞧工作压力，因为工作压力是长久存在的，很容易引发身心疾病，导致职业倦怠。只有及

时调整自身的状态，疏散压力，才能以更好的状态投入工作和生活。

除此之外，压力还表现为麻木的同情倦怠、抓狂的烦心琐事等。总之，人只要活着，就不可能彻底摆脱压力，最重要的是了解压力，学会疏导压力，最终把压力转化为动力，让生命充满阳光。

认识压力对健康的危害

从前，人们以为压力只会导致心情低落，郁郁寡欢，现在，心理学家经过研究发现，压力会切实地危害健康。正因如此，我们才要更加重视压力，也要学会以各种方式缓解压力。

很多人都喜欢去游乐园玩，因为游乐园里有云霄飞车和鬼屋等充满刺激的项目。当然，也有人不敢乘坐云霄飞车，毕竟不是人人都能享受360°旋转的。此外，在黑漆漆的鬼屋里，人们承受着不知道将要发生什么的压力，也让身体在面对强烈刺激的情况下血流加快，使得心脏、大脑、血管、汗腺等承受巨大的压力，也不是令人愉悦的体验和感受。那么，为何偏偏有那么多人喜欢玩这些惊险刺激的项目呢？这是因为这些项目会引起强烈的身体唤醒，使人平日里几乎感觉不到的各种身体器官找回存在感。此外，这些项目还能刺激人们的感官变得更加敏锐，帮助人们超乎寻常地集中注意力。正因如此，很多年轻人喜欢去感受游乐园的惊险和刺激，甚至玩一些更加危险的极限运动。

现代社会，越来越多的人都受到失眠的困扰。他们明明到了凌晨拖着疲惫的身体躺在了床上，却无论如何也睡不着。他们甚至能听到自己清晰的心跳声，越是告诫自己要抓紧时间睡觉以便明日早起参加会议，越是头脑清醒，睡意全无。为此，有些人开始天马行空地想各种问题，结果越是思考，大脑越是兴奋，尤其开始在想到自己一年的工资都买不到几平方米的房子，而孩子很快就需要学区房的名额上学时，恨不得当即起床努力搬砖。

那么，失眠究竟是如何形成的呢？尽管不愿意承认，我们依然要提出失眠与压力密切相关。长期处于失眠状态，人不仅会出现精力不济的情况，还有可能患上高血压、心脑血管疾病等。

面对压力，很多人都会本能地选择战斗或者逃跑。这就是危机之下的生死时速。面对压力，很多人都会感觉自己正在被一把手枪指着脑袋，他们甚至能够看清楚黑洞洞的枪口上的纹

路。在这样危险的情况下，周围安静得连一根针掉在地上都能听见，更别说是自己沉重的喘息声了。他们的心脏疯狂地跳动着，仿佛试图在密闭的胸腔里找到突破口逃跑。越是感受到危险的逼近，人们的第一反应越是逃之夭夭。然而，面对长了眼的子弹，又有谁能真正地逃掉呢？想到这一点，他们的双腿如同灌了铅一般沉重，他们甚至有一瞬间打消了逃跑的念头。其实，这只是好听的说法，为了顾全他们的颜面而已。真相是，他们失去了理智，只是被可怕的情形吓傻了，所以只能呆呆地站在原地，头脑中一片空白，也不知道应该做出什么样的举动应对。和逃跑相比，空手制服拿枪的对手，显然是更愚蠢的自杀式方案。

每当危机降临时，所有人都面临着战斗和逃跑这两个选择。这个选择很艰难，人们因此而承受巨大的压力。这与人们日常所承受的慢性压力持续存在的方式是完全不同的，这种压力突然来袭，使人来不及应对。毫无疑问，急性压力相比起慢性压力更难以承受。很多学生在课堂上听讲时，都特别害怕自己会被老师突然提问，有些明星作为公众人物也会在开演唱会的时候因为紧张而忘词。由此可见，不管处于怎样的压力状态下，我们的身体在短时间内的反应都是相似的。只有有意识地提升应激能力，我们才能基本上做到随机应变。

接下来，让我们说说慢性压力。如果说急性压力势如排山倒海，那么慢性压力则如同涓涓细流，在无声地侵蚀我们的健康。科学家经过研究发现，慢性压力对心脏的损害是最为严重的。前几年，有位家长在网络上吐槽。原来，他因为陪伴五年级的孩子写作业，气到心梗住院了，不得不在心脏里放置了两个支架。对于没有孩子的年轻人而言，他们会认为这样的事情是为了博人眼球随意编撰的；对于有相同体验和经历的家长而言，这样的情形则每天都在上演，所以他们对这类吐槽感同身受。

从科学的角度来说，当父母因为长期陪伴孩子写作业而承受压力时，他们患上心脏病的风险真的会增加。毋庸置疑，心理压力会增加身体的负担，尤其是会损害心血管系统的健康。在应对急性压力的情况下，人们可以利用血液中积攒的额外能量，做出“战斗或者逃跑”的反应。但是，在慢性压力的情况下，例如你只是看着孩子写作业，那么你需要更多的能力应对危机。这使得心脏必须持续卖力地输送血液。毫无疑问，孩子每天都要写作业，父母则每天都需要看着孩子写作业，因而父母的心脏首当其冲承担起巨大的慢性压力，如同长期过着永无休止的加班生活，怎么可能不受到损伤呢？

压力除了会损害心脏健康外，还会导致啤酒肚和胃溃疡。

在压力状态下，人的消化系统会受到抑制，例如压力大的人总是忍不住想要大快朵颐，哪怕减肥期间也会不管不顾地吃一些高热量的食物。很多人即将上台演讲，或者是上台表演，却忍不住想要上厕所。尤其是在面对那些突然降临的生死危机时，很多人还会因为极度的压力而导致大小便失禁。看起来，这与消化系统受到抑制格格不入，其实不然。从心理学的角度来说，压力越大，越想吃东西，叫作“情绪化进食”，指的是人们倾向于用进食的方式缓解压力。因为食用高热量的“垃圾食品”能够刺激人的味觉，使人获得极大的满足，抵消压力导致的消极情绪。此外，压力还会控制人类的消化能力。总之，当长期处于压力的状态下，受到抑制的消化系统会导致各种问题，尤其会增加患胃溃疡的风险。

慢性压力的危害不止如此，还会对免疫系统进行抑制，引发胃溃疡，等等。最重要的是，压力还会影响大脑，抑制大脑的一部分功能，增加大脑的另一部分功能。正因如此，很多人才会在压力状态下无法控制自己。当然，压力的产生受到各种因素的综合影响和作用，我们既要了解压力，也要了解自己，才能更好地缓解压力，消除压力，提升生活的幸福指数。

人人都有的“记忆面包”

很多人都知道“头悬梁，锥刺股”的故事，这是因为不仅父母会用这个故事激励孩子努力学习，老师也会用这个故事激励学生发愤图强。实际上，这样的学习方式并不可取，因为会使人承受巨大的压力。前文已经说过，压力会严重危害人的身心健康，那么在压力巨大的情况下，学生还如何提升学习效果，保证学习效率呢？

其实，压力与记忆力之间还有着牵扯不断的关系呢。接下来，就让我们一起来看看压力与记忆力的渊源吧。

压力，是每个人的记忆面包。对于所有的学生而言，最大的梦想也许就是得到动画片《哆啦A梦》中的记忆面包了。这是因为很多孩子都不擅长记忆，尤其是在面对老师布置的记忆任务时，他们的记忆力仿佛失灵了，越是迫切地想要记住一些知识，越是头脑混乱，导致记忆出现巨大的偏差。如果有记忆面包，那么就可以把需要记住的知识印在面包上，然后只需要吃掉面包，就能把所有的知识都储存在大脑里，随时等待调用。怀揣着这样不可能实现的梦想，孩子们一天天长大，面对越来越厚重的课本和越来越多需要记忆和学习的知识，他们最终不得不接受世界上根本没有记忆面包的事实。退一万步而

言，就算真的有记忆面包，他们也不是大胃王，无法吃掉印刷着海量知识的大量面包。

面对繁重的学习任务，我们固然没有记忆面包作为记忆的必备工具，却可以借助于一种神奇的力量巩固需要学习的知识。前文我们讲述了很多压力的负面作用，接下来我们要讲述记忆的正面作用，即发挥奇迹般的力量帮助我们进行记忆。

心理学家最初研究记忆和压力的关系时，就曾经在人类模型和动物模型上开展了实验以进行比较，结果发现人类模型和动物模型存在很大的区别。对于动物学习，糖皮质激素类物质发挥了很强的促进作用。但是，当人类暴露在巨大的压力下时，却会出现记忆受损的现象。在对人类实验和动物实验进行比较之后，沃尔夫认为之所以出现这样的情况，很可能是因为产生压力的时间点不同。还有很多心理学家对此进行了更为深入和全面的研究，最终发现在巩固记忆阶段，上升的皮质醇水平或者压力也许是有益的。但是，在记忆提取阶段，则是有害的。人类惯常使用的学习模式是，在学习相关的知识后不久，就会检测记忆的效果。如此一来，哪怕在学习材料之前以压力产生诱导作用，也不能有效地区分记忆的编码、巩固和提取等各个阶段。

此外，学习材料方面也出现了问题。2006年，佩恩等人发现，人类在服用皮质醇后或者在压力状态下，不带情绪信息的记忆受到损害，带有强烈情绪信息的记忆却得到巩固。一般情况下，皮质醇剂量越高，或者压力越大，损害记忆的情况也就越严重。

2010年，施瓦布和沃尔夫等人发现，适当的压力能够增强记忆陈述性内容的效果。这说明在体内皮质醇水平升高的情况下，或者在适度增加压力的情况下，学习新知识的过程中就能够得到更好的编码，并且通过持续重新激活学习阶段的编码记忆，能够激活神经通路，从而巩固已经学习的知识，获得良好的学习效果。看到这里，很多朋友也许会感到疑惑：难道我们应该不断给自己加压，学习古人“头悬梁，锥刺股”吗？当然不是。

在人类的大脑中，某些区域含有糖皮质激素，也含有盐皮质激素，所以能够在记忆系统中发挥重要的作用。以此为前提，压力将会在更大程度上影响记忆系统。

此外，记忆力还与神经元之间的突触联系密切相关。1894年，神经解剖学家卡哈尔提出，可以通过加强现有神经元之间突触联系的方式，提高记忆沟通的效率。当然，这只是一种假说，并没有得到验证。1949年，神经网络之父赫布也提出了“赫布理论”，深入阐释了细胞与细胞之间的网络通信能够

增强记忆编码。1966年，神经科学家勒莫发现了长时程增强现象。总之，很多科学家都开始关注压力与记忆力之间的关系，也对此进行了深入、持久的研究。

在学习期间，如果发生急性压力，就可能够增强随后的记忆力。这种情况在学习材料带有情绪唤醒功能的前提下更加明显。例如，学习者认为某种信息很有趣，或者认为某种信息对他而言具有重要的意义。这是因为在急性压力状态下，人更容易集中注意力，保持躯体的高度唤醒状态，因而使记忆力得到提升。简而言之，压力变成了记忆面包。

需要注意的是，每个人学习和记忆各种知识的目的不是建立储存知识的仓库，而是为了在需要的情况下顺利调取知识，也运用知识完成一些重要的情况。那么，在提取知识的时候，如果产生巨大的压力，情况又会如何呢？这个时候，压力从记忆面包摇身一变，成为记忆劫匪。在学生时代，很多人都有过头脑中一片空白的时刻，也许是因为在考试中遇到从未见过的新难题，也许是因为被监考老师从背后紧紧地盯着，也许是因为课堂上突然被老师提问不会的难题。

通常情况下，人们认为如果不能及时地想起相关的知识，就是没有记住相关的知识，这是对记忆的误解。很多时候，人脑的确与计算机有些相似，记忆知识就像是把知识存储在硬盘里。但是，一旦储存的知识很多，就有可能忘记自己究竟把知识储存在哪个分区中了，因而一时之间无法找到知识。从结果的角度来看，在储存的过程中丢失知识与一开始就没有储存知识的结果是相同的。其实，很多情况下，我们只是缺少关键词唤醒记忆。这不是知识储存出了问题，而是知识提取出了问题。

提取知识的过程是很精细的，同样需要海马体参与其中。这个时候，海马体需要转换储存知识的时候扮演的角色，根据各种线索提取记忆，让自己有意识地回忆起相关的知识。如果说在储存知识的过程中，海马体承担着建筑工人建造高楼大厦的重任，那么在提取知识的过程中，海马体则如同大厦管理员一样要帮助新来的客人办理好入住，并且教会客人使用各种设施。可见，海马体在大脑中扮演着双重角色，既是建筑工人，也是大厦管理者，可谓任重道远。要想实现最佳的记忆效果，海马体就要自如地在这两种角色之间转换。

在压力下坚持思考

在面对巨大的急性压力时，很多人都会失去理智，无法保持理性的思考。即使长期处于慢性压力下，人的思考能力也

会受到影响。正因如此，很多人才会受到压力的负面作用，导致紧张焦虑，各种能力均会降低。其实，应对压力的正确方式是，顶着压力，坚持思考。即使压力再大，也不能放弃思考。

通常，人们认为大脑共同使用一套奖励指标，该指标体系的重要组成部分，就是脑边缘多巴胺系统。在多巴胺系统中，社会决策取决于纹状体，激活纹状体直接关系到社会决策任务的奖励。例如，获得金钱奖励，在合作过程中获得成就，或者是捐献金钱给社会慈善机构由此感到满足等。

在激烈的竞争、密切的合作中做出决策，情绪将会起到至关重要的作用。所以人类大脑中的情绪调控系统会密切参与决策。对于促进互惠行动，鼓励惩罚他人占便宜的行为，以及使人更加看重声誉等，这种情绪状态都是非常重要的。越是体验出不公平，前脑岛越是会被更大程度地激活。

2012年，斯塔克等人提出，在承受压力时，加强激活腹侧纹状体会提高不同类型的决策对奖励的敏感性；在面对危险时，因为压力抑制了背外侧前额叶的功能，所以会影响作出审慎决定的能力，改变使用功能策略的情况等等。2016年，余荣军进一步证实了压力和决策之间的关系。总之，很多心理学家都致力于研究压力对大脑的影响，以及如何干扰大脑的各种功能。从很大程度上来说，压力对决策的影响取决于决策者自身的各种属性，例如年龄、性别和人格等，也取决于具体的决策任务。我们必须承认，压力的确会麻痹大脑的理性分析系统，使人们必须依赖直觉经验系统的相关能力。这表明，我们必须加倍努力，才能坚持在压力下行理性分析和理智思考。所以，面对压力，很多人都面临两难的选择，他们不知道自己应该随波逐流，还是坚持思考。而不同的人做出了不同的选择，所以他们最终获得了不同的结果。

每个人都要尤其小心压力带来的负面影响和消极作用。美国前总统克林顿曾经说过，每个人在面临压力时都会厌恶思考，殊不知，越是面对压力，他们越是应该坚持思考。

2019年9月底，很多人都去电影馆观看电影《中国机长》。该影片是以2018年5月14日四川航空公司3U8633号航班的真实经历为蓝本拍摄的。这部电影的上映，使人们回想起四川航空3U8633号航班近乎传奇的历史。

在将近一万米高度的高空中，驾驶舱玻璃突然破损，驾驶舱瞬间失压，副驾驶上半身被吸出驾驶舱外，驾驶舱里的温度骤然降低到零下40多度。可以说，原本正常驾驶的机组成员一瞬间置身于极度危险的情况下，面临着生命危险。越是在这样紧要的关头，机长肩负的责任越是重大，他的每一个决定不但关系到自己的生命安危，也关系到飞机上所有人的生命安危。

除了机长外，飞机上还有8名机组成员，以及119名乘客。我们无法想象此时此刻，机长刘传健究竟是怎样战胜内心的恐惧和慌乱，保持理智和冷静的。我们所知道的是，他临危不惧，做出了一系列的重大决定，最终凭着顽强的毅力，带领整个飞机上的所有人平安落地成都机场。

我们可能没有机会如同刘传健机长一样面临这样的重大危急时刻，但是我们同样会承受很多压力，也要在面临压力的情况下做出抉择。这无疑很难，但是我们不能退缩。我们无法成为刘传健机长那样的英雄，拯救一百多个人，但是我们却可以学习他承受压力坚持思考的应对方法，这样在面对生命历程中的各种事件时，我们才能发挥自身的理智，做出决断，也渡过难关。

那么，在面临压力的情况下做出决策，究竟有多么难呢？如果不计较结果，那么选择会变得更加容易。如果想在重压之下保持理性，争取得到最好的结果，就使得决策的难度大大增加。

很多人都是感性的，因为感性更接近本能。相比起感性，保持理性则要战胜很多本能的选择，甚至需要背离本能。从这个意义上来说，顶着压力坚持理性的思考，实际上是一场与自己的较量与斗争。

从概率的角度来说，任何决策成功与失败的可能性都是50%，既然如此，不管我们是慎重全面地思考，还是不假思索地凭着直觉做出决定，都既有可能面临成功，也有可能面临失败。既然如此，我们还有什么必要畏惧呢？我们固然无法百分之百做出正确决策，却可以尽量全面分析和综合考量，从而让决策更加理性。既然做好了该做的一切准备，那么我们也就没必要为结果而懊悔了。坦然接受，勇敢面对，是我们最好的状态。

压力下的选择

2016年，余荣军以对压力和决策领域的研究成果为基础，提出了“压力下的直觉式模型”。这个模型告诉我们，在巨大的压力下，很多人都倾向于依靠直觉解决问题，而不想依赖理性分析解决问题。由此，余荣军等人还提出，在决策过程中，人们很可能因为承受压力而改变对奖惩的敏感性。相关实验表明，在压力状态下，人们如果能够获得积极的反馈，那么在学习方面的表现就会更好，这说明压力增强了积极反馈的鼓励作用。与此相对应的，压力也会增强消极反馈的破坏作用。

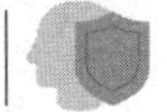

还有专家提出，压力会影响人们对于食物的选择。例如，那些承受压力的人更倾向于选择味道好的所谓的垃圾食品，尤其是女性，在承受巨大压力的情况下很有可能出现暴饮暴食的现象。这是因为垃圾食品能够释放出内源性阿片类物质，帮助人们降低压力反应，调节心态，能够起到即时奖励的积极作用。需要注意的是，高额的“奖励”往往是与“惩罚”相依相伴的，将会引发长期的负面作用。例如，女性在压力状态下放纵饮食后，会导致体重增加，也会因为吃很多垃圾食品而损害健康等。

2015年，梅耶等人开展了脑影像实验，验证了压力能够放大“想要”或者“渴望”的信号，使人们倾向于当即获得奖励，由此降低了自我控制的水平。但是，科学家们并没有证实压力的确能够增强奖惩的敏感性。

众所周知，人的本能就是趋利避害。所以在追求利益的过程中，人们会尽力避免蒙受损失，有些人甚至会主动放弃利益以避免承受损失。这就是典型的损失厌恶。在压力的直觉式模型中，压力也会增强规避损失的作用。这意味着针对消极性刺激，压力能够促使人们形成偏见，形成关于威胁的各种联想。

总而言之，压力并非只有负面作用，而是能够帮助我们重视奖励，从而保持学习的动力；能够帮助我们重视惩罚，从而及时捕捉到危险的信号；嗅到损失的信息，最终及时止损。

那么，在承受压力的情况下，我们应该如何做出选择呢？是破釜沉舟，还是步步为营呢？在压力的直觉式模型中，因为受到压力的影响，决策者很有可能退回自动化反应以应对风险。这是因为压力会放大偏好转移效应，使人们更倾向于在损失框架内寻求风险，而在获利框架内规避风险。这意味着在压力的诱导作用下，参与者在损失框架内更容易做出风险更高的决策，而在获利框架内则更容易做出保守的决策。

在压力的直觉式模型中，那些通常规避风险的人，更倾向于做出保守的选择，而那些通常寻求风险的人，则更倾向于做出有更高风险的选择。这使得决策中的行为偏见越发明显。但是，压力并不总是放大框架效应下的反射行为，而是受到个体差异、情境的复杂性等综合影响和作用。

现实生活中，面对财务压力，男性更倾向于采取“战斗或者逃跑”的反应模式，而女性则更倾向于采取“照料与结盟”的策略，这使得男性会增加在压力下的风险行为，而女性则会减少在压力下的风险行为，表现得更为保守。

杰克和艾米夫妇原本过着安稳的生活。有一天，杰克的公司破产，夫妻俩的房贷压力骤然加重了。一天晚上，餐桌前气氛凝重，杰克紧握拳头说：“我打算找人一起做个项目。虽然

需要借点钱，但这个项目前景很好，我们很快就能赚钱。”他眼中闪烁着冒险的决心。

艾米轻抚着他的手背，温和地回应:“我明白你想尽快解决问题，但我们何不先从更保险的事情做起呢？我们可以仔细地规划一下开销和储蓄，跟爸妈商量能否暂时接济一下。我还报名了一个在线课程，提升技能后或许能找到稳定的兼职工作呢。”

每个人生活在这个世界上都会面对各种各样的压力，不同的人所面对的压力是不同的，不同的人承受压力的能力也是不同的。我们要认识到压力的存在是常态，也要端正态度，以平常心面对压力，这样才能在压力面前始终保持良好的状态。

第十章

远离抑郁，从原生家庭中拔地而起

近年来，抑郁症的发病率越来越高，无数人被抑郁症困扰，在他们的内心深处，悲伤暗流涌动，汹涌澎湃。很多人以为抑郁症是生活不如意导致的，其实，生活不如意只是抑郁症的诱因之一，至于人为何会患上抑郁症，仍是难解之谜。在日本电影《丈夫得了抑郁症》中，有一句台词令人印象深刻——“抑郁症就像一场心灵的感冒，谁都有可能得。”

无边无际的暗夜

有人说，抑郁症就像是心灵的感冒。说起抑郁症，很多人也许会感到陌生，但是说起感冒，大多数人都很熟悉。哪怕是铁打的人，也有可能患上感冒，感受到感冒期间的虚弱和疲惫。其实，抑郁症也是如此。所以抑郁症患者无需感到自卑，更不要感到羞耻。大多数人之所以患上抑郁症，是因为他们有柔软的心灵，也有更加柔软的大脑。需要注意的是，抑郁症患者不单纯是心情不好那么简单，而是实实在在的病症，除了会心情抑郁，还有可能出现一些生理上的症状。随着对于抑郁症越来越了解，治疗抑郁的方法也在不断地更新。要想战胜抑郁症，一定要遵从医嘱，还要保证充足的休息，更重要的是得到身边的关心，得到专业人士的帮助。不可否认的是，抑郁症的病程比感冒的病程长得多，这意味着我们要想战胜抑郁症，需要付出更多的努力。

患上抑郁症是怎样的感觉呢？打比方来说，仿佛整个人跌入了无边的黑暗之中，内心充满了绝望和挣扎，周围是湿冷

的，甚至寒冷彻骨。从本质上而言，抑郁症属于心境障碍类疾病，会对情绪产生不同程度的困扰，而且这种困扰将会持续漫长的时间。有些抑郁症患者的病情比较严重，社会功能受到了不同程度的损害。通常情况下，我们可以把心境障碍分成两类，一类是大家所熟悉的抑郁障碍，例如抑郁症就是抑郁障碍的典型代表；另一类是很少有人知道的双相障碍。所谓“双相障碍”，起初也被称为“躁郁症”，指的是患者的情绪呈现出两极分化的情况，时而特别亢奋狂躁，时而又低沉压抑。

第五版《精神障碍诊断与统计手册》对抑郁障碍进行了划分，将其分为抑郁症——从专业的角度来说叫作“重性抑郁障碍”，经前期烦躁障碍以及恶劣心境。

经前期烦躁障碍是针对女性而言的，很多女性在月经前期会出现身体和情绪上的很多症状，例如情绪剧烈波动，莫名感到悲伤，突然泪流满面，产生各种负面压抑的情绪，很容易生气或者愤怒，焦虑紧张，对诸如拒绝等消极的社交信号表现得尤为敏感，产生了一些消极的思想等。也许有人会说，月经前期情绪波动是正常的。的确，如果情绪波动在合理范围内，那么就是正常的。但是，对于一些女性而言，情绪波动的情况是特别严重的，导致她们出现了显而易见的抑郁情绪，而且严重损害了她们学习、生活和工作的能力，这种情况就属于经前期烦躁障碍了。对于出现严重经前期情绪障碍的女性，要给予一定的治疗和心理疏导。当然，不要把很多女性月经周期正常的情绪波动划入此列。

从心理学的角度来说，心境恶劣也称为“持续性抑郁障碍”。通常情况下，儿童或者青少年很容易发生心境恶劣的情况，这种情况并不会随着成长而自然消失，反而有可能贯穿一个人的整个成年阶段。

心境恶劣本质上也是抑郁状态，与抑郁症的区别在于，它属于慢性的，形式比较轻微，通常会持续两年时间。在心境恶劣的人中，大概有6%的人会因为心境恶劣而影响人生中的某个阶段。尤其需要注意的是，大概90%的心境恶劣会发展成抑郁症。和抑郁症的女性患者数量高于男性患者数量一样，心境恶劣者中，女性的数量也高于男性。

比起经前期情绪障碍和心境恶劣，抑郁症则更为广泛和普遍，且更加严重。世界卫生组织官方统计，2018年，至少3亿人确诊患上抑郁症，占世界人口总数的大概3.8%。在世界范围内，抑郁症都是导致残疾的重要原因，也是导致总体疾病负担的重要原因。和一般的情绪波动不同，抑郁症的程度是比较严重的。很多抑郁症患者长期处于抑郁状态，被诊断为中度或者重度抑郁症，如果不及时加以干预，那么就有可能发展成为特

别严重的疾患，极大地影响患者正常的生活和工作。极其严重的抑郁症患者，还会产生轻生的念头。近年来，每年都有很多抑郁症患者选择离开美好的世界，彻底摆脱因为抑郁而产生的巨大痛苦。其中，不乏孩子、年轻人等。

抑郁症和大多数心理障碍相同，不同程度地降低了人们的生活质量，使人们失去开心满足地享受生活的能力。2011年，电影《忧郁症》主角贾斯汀的扮演者邓斯特，本身就患上了抑郁症。贾斯汀一直饱受抑郁症的折磨，这使整部影片令人感到压抑沉闷，而且很多观众无法理解贾斯汀为何表现得情绪崩溃，行为古怪。美国前总统林肯也是一位抑郁症患者。有人曾经形容林肯——他走着，忧郁仿佛正在从他的身上滴落。仅从这句话中，我们就可以对抑郁症患者极度悲观与压抑的情绪感同身受。

为了帮助抑郁症患者战胜抑郁，每个人都应该更加宽容和友爱地对待他们。遗憾的是，社会上的大多数人对待抑郁症患者都特别苛责，甚至抱怨他们只是不想摆脱抑郁，重新振作起来。还有人指责抑郁症患者的性格太过软弱，所以才会长期压抑和委屈自己，导致自己受到抑郁症的困扰。实际上，这都是对抑郁症的误解。很多抑郁症患者仿佛每天都生活在世界末日中，他们远离快乐，失去光明，毫无希望可言。如果以一幅画来表现抑郁症患者的生活，那么整个色调都是黑白的，只在某个角落里有一朵孱弱的小花带着些许淡淡的色彩，遗憾的是，小花有些枯萎了。可想而知，抑郁症患者多么孤独，多么绝望。

在美国，大概12%的男性终生与抑郁症为伴，大概21%的女性终生与抑郁症为伴。这只是2017年的统计数字。截至目前，患上抑郁症的人一定更多。那么，女性抑郁症患者为何比男性抑郁症患者更多呢？一则是因为女性就诊率更高，二则是因为传统的社会观念使女性更容易苛责自己，而压抑情绪。比起女性，男性往往排斥因为一些小问题或者小小的异常就去求助医生，而且在社会生活中，男性更倾向于表达自己的负面情绪，或者奋起抗议不公正的待遇。结合以上两个主要原因，我们就能理解为何女性更容易患上抑郁症。

心理学家经过调查发现，很多女性在青春期就开始了抑郁征兆，有些女性甚至直到中年时期，都一直被抑郁症困扰。现代社会中有个现象应该引起所有人的重视，即初次发作抑郁症的年龄越来越小，很多抑郁症患者在十三四岁时就被确诊抑郁症。甚至，有些儿童也表现出抑郁症的相关症状。更为可怕的是，抑郁症是非常隐匿的，往往会悄无声息地潜伏几个月甚至一年多才会表现出来。这使得很多抑郁症患者并没有及时得到关注和救治。此外，抑郁症持续的时间很长，而且容易因为各

种因素的刺激而反复出现。例如，一个抑郁症患者通过积极服药已经好转，却因为遭遇婚姻的变故而马上复发。

在漫长的生命历程中，很多抑郁症患者反复发作抑郁症。抑郁症的发作既受到年龄的影响，也受到婚姻状态和社会经济地位的影响。尤其是对于女性而言，婚姻状态不好，会使她们患抑郁症的概率大大增加。通常情况下，和社会经济地位高的人相比，社会经济地位低的人更容易患抑郁症；和结婚或者未婚的人相比，离婚或者分居的人更容易患抑郁症。需要注意的是，很多抑郁症患者并非单纯患上抑郁症，而是伴随其他类型的心理疾病，例如边缘型人格障碍或者焦虑症等。因为有其他类型的心理疾病并发，所以治疗抑郁症更加困难重重。

在抑郁症患者中，有两种类型的患者是比较特殊的。一种是产后抑郁。有相当一部分抑郁症患者是生产之后的女性。在怀孕期间，女性体内的激素剧烈变化，而等到生产孩子之后，激素水平又会大幅度回落，这使女性的身体出现变化，因此影响了女性的心情。对于产后抑郁的患者，配偶和家人一定要给予足够的关心，也要想方设法帮助她们尽快调整好心情，这样才能避免产妇因为抑郁而受到伤害。另一种是季节性情感障碍。季节性情感障碍与季节的变化有关，通常，等到春暖花开的季节，季节性情感障碍就会自行消失。需要注意的是，除了自然季节的更替会导致季节性情感障碍外，光照的季节性变化也会使个体的情绪呈现规律性的变化，例如光照的季节性变化会改变身体的温度，也会影响睡眠。有些国家位于北极圈内，每当极夜到来就不得不熬过漫漫长夜，所以那里的居民更容易发生季节性情感障碍。

如今，有越来越多的药物可以用来治疗抑郁症，除了服用药物，采取光照疗法也能有效地抗抑郁。例如，每到很少见到太阳的秋冬季节，可以每天都用几小时沐浴明亮的人造光线，这样也能有效地缓解季节性情感障碍。

不管是哪种类型的抑郁症，都与人们长久地沉溺于消极低沉的情绪密切相关。如今，抑郁症已经严重到夺走很多人的生命，所以我们要对抑郁症引起足够的重视，也要采取各种方法缓解低沉的情绪，让自己发自内心地感受到幸福与快乐。

“大脑结冰”是什么感觉

迄今为止，在生理学领域，依然没有人能揭示抑郁症的病理原因。不同的抑郁症患者有不同的表现，而且他们患上抑郁症的原因各不相同。特别是那些重度抑郁症患者，他们表现出

强烈的内疚心理，而且做出想要结束生命的绝望举动，这是不可能通过动物模型还原的。正因如此，科学家在研究抑郁症的过程中，无法透彻地研究抑郁症的神经机理性，也无法研究抑郁症的药理性。

打个比方来说，抑郁症患者的大脑仿佛被冰封了。科学研究证实，抑郁症绝非心情不好这个简单的原因导致的，而是因为大脑发生了不同程度的异常。遗憾的是，这些证据还不够充分，是非常零碎的，所以我们尽管可以运用相关的理论解释为何抑郁症患者会出现某些症状，却还是不能从整体上解释抑郁症为何会发生。

科学家经过研究发现，很多抑郁症患者都会出现肠脑功能紊乱等现象，诸如代谢异常、肠胃功能紊乱、肠道菌群异常、食欲乱等。这是因为在慢性压力状态下，在患上抑郁症的情况下，过量的皮质醇既会对大脑的功能产生影响，也会对肠胃的功能造成损害。

心理学家通常采取认知行为疗法治疗抑郁症。此外，还有理性情绪行为疗法。2016年，认知疗法和认知行为学疗法之父贝克提出了统一模型，整合了认知、临床、进化观点和生物学知识等。对于治疗抑郁症，他有独特的见解，也提出了相关的建议。他认为，应该以统一模型为基础，整合更多的证据。

对于抑郁症，我们必须要形成正确的认知，消除错误的观点。抑郁症不是犯错，抑郁症患者并非通过遗传、社会环境和家庭环境的综合作用才形成了消极的思维和自我评价。抑郁症可能产生于任何原因，每一种原因都像是童话世界里的魔镜碎片，也如同晶莹剔透的雪花，它们渐渐地冰封了人类的大脑，使人类无法体会现实世界的快乐和温情。作为抑郁症患者，我们一定要告诉自己：生活并不像我们所感受到的那么痛苦，现实也不像我们所认识的那么绝望，我们自己更不是毫无价值和意义的。我们之所以产生这么消极绝望的想法，这是因为我们的大脑被冰封了。要想战胜抑郁症，我们就要让冰封的大脑冰雪消融，春暖花开。

结婚五年，原本乐观开朗的晴儿除了收获了一对儿女外，就是患上了此前闻所未闻的抑郁症。作为一名农村普通女性，她只读过几年书，平日里很少看书，每天都在围着孩子们忙碌。很久之前，晴儿就感到心情低落，做任何事情都提不起兴致来。起初，她认为自己太累了，抱怨婆婆不帮忙带孩子。随着时间的流逝，孩子一天天长大，日子也变得轻松起来，她却丝毫不觉得高兴，反而莫名其妙地哭泣，甚至整夜整夜地失眠。有一次，两个年幼的孩子打架，她在崩溃大喊的一瞬间居然想带着孩子们死去，这个一闪而过的念头让她意识到问题的

严重性。她赶紧给在外地打工的丈夫打电话，让他火速回家。丈夫不知道发生了什么事情，连夜往家赶，直到凌晨才到家。得知晴儿就是心情不好，丈夫不以为然地说："你天天在家带孩子，做做家务，不用为吃喝发愁，有什么心情不好的？和你比起来，我才应该心情不好，干着牛马活，吃着没有荤腥的饭菜，要是让你去干，你一天也受不了。"晴儿只是哭泣。

趁着丈夫在家，她去了市里的医院检查。当医生诊断她患上了重度抑郁症，而且亲口告诉她的丈夫她随时都有可能自杀，还告诫她的丈夫千万不要把孩子完全交给她看管时，她和丈夫都一头雾水地看着医生，不知道抑郁症到底是什么病。

经过医生的一番解释，晴儿和丈夫才意识到问题的严重性。但是，丈夫除了把婆婆接到家里和晴儿一起照看孩子们，其他的什么也做不了。他只在家里停留了几天，就又匆匆忙忙地去打工了。才一个多月过去，在和婆婆发生口角之后，晴儿想要投河自尽，幸好被及时发现，救了回来。

重度抑郁症患者，必须有专人一天二十四小时看护，避免他们因为一时的情绪低落而自杀。在上述事例中，丈夫既没有重视抑郁症，也没有给晴儿妥善的照顾，更没有以作为丈夫的爱融化晴儿内心的坚冰。也许是五年的婚姻生活让晴儿感到绝望，也许是婆婆的凉薄让晴儿感到无助。总之，晴儿选择了彻底离开，结束所有的烦恼和痛苦。

近年来，随着对抑郁症的探究，更多人开始熟悉和了解抑郁症。此前，很多自杀的人都被说成是不想活了，其实除了少部分一时冲动自杀的人，大多数有预谋自杀的人都被困于抑郁症的魔爪之中。只有亲人的爱才能消融抑郁症患者大脑中的坚冰，只有亲人的陪伴才能让抑郁症患者远离自杀的念头。作为抑郁症患者，要看到生的顽强；而作为抑郁症患者的家属，则要看到抑郁症患者的苦苦挣扎与无奈绝望，从而有效地帮助他们脱离险境。

谁偷走了我的快乐

如果说普通人在生活中有很多快乐的事情可以做，或者因为生性乐观，哪怕做寻常的事情也能收获快乐与幸福，那么抑郁症患者在生活中则没有什么感兴趣的事情，他们常常表现得落寞寡欢，甚至还会刻意地逃避人群，不愿意置身于喧闹的人群中，也会有意识地疏远身边的人，不愿意把自己真实的内心吐露给身边的人。渐渐地，他们越来越孤独，也很少感受到快乐。

看到这里，相信有些读者朋友会进行自我反思，试图判断自己是否患上了抑郁症。一味地苦思冥想显然收效甚微，毕竟判断抑郁症是专业人士要做的专业的事情。既然如此，我们不妨参考以下内容，看看自己是否还具备快乐的能力。人的心就像是一个容器，如果装满了不愉快，那么就没有空间容纳愉快；反之，如果装满了愉快，那么就没有空间容纳不愉快。

那些拥有快乐的人，喜欢看有趣的电视节目或者收听有趣的广播节目。例如上下班路上交通拥堵时，他们不会如同路怒症的人那样动辄抱怨，而是会听听有声书，或者给家人打电话等。他们喜欢与好朋友相处，也喜欢陪伴在家人身边度过闲暇时光。他们有很多兴趣爱好，哪怕有大量的闲暇时间也不会觉得无聊，而是会通过各种消遣的方式找到乐趣。他们热爱旅游，喜欢欣赏沿途的美景，也喜欢与路人相遇相识。他们喜欢烹饪，亲手把食材烹饪成为色香味俱全的美食，这对于他们而言是一种享受，也是莫大的成就。他们每天都要洗热水澡，既可以疏散筋骨，也可以让自己变得更加清爽。他们以笑脸对待他人，也能得到他人满脸笑容的回应。他们从不邋里邋遢，哪怕是在家休息，也会把自己收拾得干净清爽，这样自己会觉得舒服。他们有时会喝茶喝咖啡，还会喝一些不那么健康的碳酸饮料或者奶茶。他们喜欢吃各种各样的零食，尽管这些零食未必全都健康，但是吃零食本身就是一种快乐，他们不想失去这份快乐。他们有的喜欢雨天，有的喜欢晴天，不管在什么天气里都能找到自己喜欢做的事情，由此度过充实美好的一天。他们乐于帮助他人，因为付出和奉献对于他们而言原本就是值得高兴的。他们喜欢被夸赞，也喜欢被表扬。

总之，怀着一颗快乐的心，总能从生活中找到各种小确幸，感受生活中各种各样的幸运。反之，如果怀着一颗抑郁的心，则会把五彩的生活看得黯然失色，也会觉得各种有趣的事情枯燥乏味。对于抑郁症患者而言，他们失去了那些能够为生活增添色彩和乐趣的小小幸运，他们生活在冷冰冰的世界里，常常感受到彻骨的寒冷。

诊断抑郁症有两个重要的标准，一个是快感缺失，另一个是情绪低落。所谓快感缺失，指的是针对于愉悦刺激缺乏反应，或者失去愉悦感。具体地说，面对曾经大快朵颐的美食，抑郁症患者并没有食欲；面对曾经特别喜欢看的各种电视节目，现在却觉得很乏味，即使勉强坚持看完，也不会再像从前那样发出会心的笑声。甚至面对曾经喜欢的人，诸如配偶或者孩子，抑郁症患者也会感到厌烦。正因如此，有些重度抑郁症患者才能狠下心来抛弃配偶和孩子，残忍地离开这个世界。在他们的眼中，原本色彩斑斓的世界变得灰蒙蒙的，让他们的内

心仿佛阴云密布一般沉重。

需要注意的是，不仅抑郁症患者会出现快感缺失的症状，精神分裂症患者也会出现快感缺失的症状。1809年，哈斯拉姆在研究精神分裂症患者的时候，发现了快感缺失的症状。1896年，里伯特引入了“快感缺失”这个词语，认为世界上不会有人所拥有的快乐比这更少。

科学家经过研究发现，人类正是因为受到大脑中多巴胺的驱使，才会主动地追求和感受快乐。但是，如果多巴胺无法对我们施加影响，使我们喜欢某些事物，那么它如何驱使我们追求某些事物呢？2012年，崔德威和扎尔德对大量以人类和动物为对象进行的实验后做出总结，认为多巴胺系统能够对动机性快感缺失起到调节作用，换言之，也就是激励人“想要”的奖赏。在这种情况下，一旦出现消费性快感缺失的情况，既不渴望也不追求“喜欢”的奖赏，人的情绪就会受到影响。除消费性快感缺失之外，还有决策性快感缺失，即在做出与奖赏有关的决策行为时的，人们缺乏相应的能力平衡成本和收益，也许会低估未来的收益，也许会高估未来的成本。这样一来，人们决策的策略和方式就会处于多变的状态。

心理学家经过一系列研究发现，快感缺失越严重的人，无法期待积极情绪，也就不能获得快乐。从这个意义上来说，抑郁症绝非心情不好那么简单，很多抑郁症患者的大脑都出现了改变。换言之，快乐是需要依靠努力才能获得的，而大脑必须具有正常的功能，才能帮助我们不懈努力。当大脑在漫长的时间里始终承受压力，始终感到惊恐，那么我们就会远离快乐。

所有能够享受快乐的人都应该感到幸运，因为感受快乐的能力是非常可贵的，不但带给我们幸福和喜悦，还带给我们安全和放松。一旦失去感受快乐的能力，陷入抑郁症的痛苦之中，我们就会如同被罩在同一只玻璃钟形罩里一样，煎熬地呼吸着自己的酸腐之气。从这个意义上来说，失去快乐就相当于失去了整个世界，而守护快乐则相当于守护整个世界。

论安全感的重要性

要想建立健康的依恋关系，就要使婴儿对养育者产生信任感。小生命从刚刚出生到一岁之前，如果能够在需要的时候得到及时的帮助，就可以抓住生命早期的关键时期建立稳固的信任感。这样，在此后的成长过程中，孩子们会更愿意与他人互动，也会形成信任他人的能力。

鲍尔比提出的依恋理论，完全契合埃里克森提出的儿童心

理社会发展理论。1979年，安斯沃斯进一步完善了依恋理论，并且强调了依恋关系中存在个体差异现象。他是鲍尔比的得意门生。对于已经能够区分陌生人和熟悉的照顾者的婴儿而言，如果猝不及防地被放置在陌生环境里，甚至需要在照料者离开的情况下独自面对陌生人，他们就不得不经历生命早期最严重的心理压力情境。面对相同的压力情境，不同的婴儿会做出不同的反应模式。安斯沃斯总结了四种依恋模式，其中，有一种依恋模式是安全依恋模式，有三种依恋模式是不安全依恋模式。

当熟悉的照料者在场时，安全依恋型婴儿会把照料者作为安全基地，勇敢地对周围陌生的环境进行探索。如果熟悉的照料者离开婴儿的身边，那么婴儿会有一定程度的抗议。这个时候，只要熟悉的照料者回到婴儿的身边，婴儿的不满就会马上消失，他们当即就与照料者建立良好的互动。

对于不安全回避型婴儿来说，他们不能把照料者作为安全基地，也很少与照料者互动。当照料者离开他们的身边时，他们做出的反应很小；当照料者回到婴儿的身边时，他们并不会做出太多改变。

对于不安全反抗型婴儿而言，他们总是过度依赖照料者。与此同时，他们没有把照料者当作安全基地，所以当照料者试图与他们亲近时，他们会制作出各种举动表示反抗或者拒绝。

一旦照料者离开，他们就会因为恐惧、不安而大声哭闹。但是，照料者回到他们身边后，他们抗拒照料者对他们进行亲密的安抚，而是表现出怨愤的行为。

还有一种婴儿属于不安全无组织型。在陌生的情境中，婴儿表现得特别害怕和迷茫。这是因为他们非但没有把照料者当作安全基地，反而因为照料者感受到压力，甚至因为照料者在身边而做出极端害怕的表现。

从这四种类型的依恋模式不难看出，安全感对于婴儿的成长是很重要的。当然，因为不同的国家有不同的文化背景，所以婴儿的依恋模式也表现出一定的差异性和区别。例如，德国家庭鼓励孩子独立，所以较多婴儿会表现出回避型依恋；日本母亲不喜欢让婴儿与陌生人接触，因而很多日本婴儿在陌生情境中将会感受到更大的社会压力，所以倾向于表现出反抗型依恋模式。但是不管在哪个国家，也不管处于怎样的文化背景中，婴儿都以安全依恋型模式为主，而安全依恋型模式则要以稳定积极的亲子关系为基础。

划分依恋模式不是为了给婴儿贴标签，而是为了暴露亲子关系中也许会存在的各种问题，并且找到解决这些问题的有效方法。有人认为能否形成安全依恋模式，完全取决于母亲回应婴儿的速度，其实不然。尽管很多婴儿的不安全型依恋模式与

养育者关系密切，但是我们不应该把这个问题完全归咎于养育者的失职。在传统的家庭模式下，父亲主要承担赚钱养家的重任，而母亲则留在家里负责养育孩子。但是，在现代的家庭模式下，很多家庭里，父亲和母亲都要外出工作，所以母亲不可能投入所有的时间和精力照顾孩子，为此，养育孩子成为整个家庭的责任，需要所有的家庭成员分担。从某种意义上来说，养育孩子也是社会的责任，需要社会提供一定的便利条件，例如给哺乳期母亲更多的休息时间，建立更多的婴幼儿托育机构等。相比起传统的养育模式中母亲起到主要作用，现代的养育模式则更加强调父亲的养育责任，提出在养育孩子的过程中，父亲的角色也是不可缺少的。

具体来说，在养育孩子的过程中，父亲不仅要与母亲一起照料孩子，也要有意识地与孩子互动，表达对孩子的爱，并且以各种方式支持和关心孩子，帮助孩子建立良好的社会关系。心理学家证实，很多儿童和青少年之所以出现心理问题，例如患上抑郁症，或者依赖成瘾药物等，与父亲行为的相关性更大。所以要认识到，在养育孩子的整个过程中，影响依恋关系的并不只有母亲，也来自所有的家庭成员。因而每个家庭成员都要肩负起养育孩子的重任，都要积极地回应婴儿的需求，这样才能避免对婴儿造成情感压力。

正面应对童年期创伤

在很多家庭里，孩子在童年时期受到了创伤，但是所有的家庭成员要么无知无觉，要么刻意回避。正如奥地利心理学家阿德勒所说的，“幸运的人用童年治愈一生，不幸的人却用一生治愈童年”。为了能够拥有健康快乐的人生，每个人都要正面应对童年期创伤，因为回避从来不能解决问题。

在很多国家里，儿童被虐待的情况都时有发生。前几年，有个几岁的孩子受到亲妈和亲妈男友的严重虐待，就连孩子的姥姥都支持重罚施虐者。还有一对年幼的孩子被父亲从高空推到楼下，高坠身亡。2007年，美国的卫生与公共服务部发出了一份报告，报告显示每天都有五名儿童被看护者或者是父母杀害。每年，大概有14万名儿童受到其他形式的躯体伤害，大概有300万名儿童受到不同形式的虐待。这些数字令人触目惊心，也表明保护儿童迫在眉睫。

在大量的儿童受害者中，大概22%的儿童受到身体虐待，大概12%的儿童受到性虐待，大概6%的儿童被情感虐待。其中，大概58%的儿童被父母和看护者忽视，也承受着医疗不作为的恶劣后果。不要以为只有那些父母社会地位低、家庭经济条件差的家庭里才会发生虐待儿童的事情。事实证明，虐待

儿童与父母社会地位低或者经济情况糟糕之间并没有必然的联系。不过，与正常的家庭相比，承受着巨大压力的家庭中，发生虐待儿童事件的概率更大。

那么，如何鉴别儿童是否受到虐待呢？在父母或者照顾者刻意掩饰、隐瞒的情况下，儿童被虐待的事实其实很难暴露出来。此时，不妨看看下面列举出来的预警信号，有助于旁观者观察孩子的情况：

孩子身上出现了严重的伤口，非常明显，但是没有合理的解释；

孩子身上有被热水或者烟头烫伤的痕迹；

孩子不明原因地感到疼痛；

孩子特别害怕照顾者，或者害怕他的父亲或者母亲；

在炎热的天气里，孩子穿着长袖衣裤或者是高领衣服，这很有可能是为了掩饰身上的伤痕；

孩子表现出攻击性行为，特别孤僻，害怕与人进行身体接触……

这些都是明显的预警信号，告诉我们孩子有可能遭到虐待。此外，有些被虐待的儿童出现了心理异常，他们很有可能表现得不服从管教，或者特别喜欢挑剔和苛责，在新环境里，他们很难适应。此外，有些孩子会出现头痛的情况，也会因为焦虑而尿床，或者表现出其他心理创伤的症状。有些孩子被严重虐待，还会出现创伤后应激障碍的相关症状。

对孩子而言，与自己的躯体受到虐待相比，更可怕的是虐待他们的父母小时候也可能受到虐待。尽管虐待的暴力行为未必遗传，但是如果父母本身从小在父母的暴力下成长，那么他们很有可能因此受到负面影响，把暴力作为解决问题的首要手段，甚至是唯一手段。对于受虐儿童而言，这种生命初期的创伤性记忆会在无意识状态下影响他们的行为。在成长的过程中，他们往往需要付出很多额外的努力，才能抑制住自己通过暴力解决问题的冲动。这就合理解释了为何很多人明明很讨厌自己的父母，却又变得越来越像自己的父母。这就是创伤和仇恨给人带来的影响，难以消除，难以摆脱。越是回避这些创伤性影响，作为曾经受虐待儿童的父母就越是会被影响。正确的做法是勇敢地揭开童年时期给自己带来负面影响的创伤，直接面对这些创伤，才能真正地消除创伤性影响。

近年来，关于原生家庭的话题吸引了大众的广泛关注。其实，原生家庭的伤害并非不可逾越。有心理学家经过调查发现，大概三分之二在原生家庭中受到过虐待或者被忽视的人都能够压抑心理创伤，更加充满温情地对待自己的孩子。这说明只要能够接受自己曾经受过的伤害，能够勇敢地面对，坚持向

着阳光成长，一切就都是可以战胜的。

需要注意的是，在进入网络时代之后，很多家庭里出现了极其隐匿的“忽视”孩子现象。很多年轻的父母都是不折不扣的低头族，在陪伴孩子的过程中始终在低头盯着手机，因而与孩子缺乏互动，导致孩子的情感发展变得冷漠。如果说肉体上的虐待是可以看见的，恶言恶语也能觉察到，那么这种“忽视”则具有极强的隐匿性，孩子和父母都很难觉察。有心理学家对七个月到两岁的婴幼儿进行了评估，发现他们在母亲使用手机时表现出更大的痛苦，而且无法探索他们周围的环境。即使母亲关掉手机或者放下手机，这些孩子也会表现出明显的消极情绪，很难恢复积极愉悦的情绪状态。显而易见，当照顾者长期使用移动设备，导致自身出现反应迟钝和社会退缩现象，那么就会对婴幼儿的亲子互动和社交情感产生负面作用。换一个角度来看，孩子从小就要与手机竞争，吸引父母的关注，所以他们的自尊心也会受到严重损伤。又因为父母的言传身教作用，所以孩子也会出现手机成瘾现象。总而言之，父母过度玩手机，忽略陪伴孩子，忽视孩子的情感需求，不能及时给予孩子回应，将会损害孩子的心理健康，使孩子的心理出现各种问题。每位家长都有责任和义务为孩子营造良好的成长环境，也要肩负起照顾和养育孩子的重任。

让心理更具韧性

现代社会中，很多人的心理韧性特别差，只要遇到小小的挫折和不如意，就会自暴自弃，甚至寻死觅活。其实，这是因为他们平日里没有经受历练，一旦遇到坎坷挫折就无法承受。古人云，“生于忧患，死于安乐”。这句话不仅适用于古代社会，也适用于现代人与压力相处的社会。

人生是顺境还是逆境，并不完全由我们说了算。很多时候，我们渴望顺遂如意，却偏偏遭遇坎坷挫折。真正强大的人能够从逆境中逆袭，从打击中崛起，甚至因此而创造超乎预期的成就。显而易见，他们必然有着独特之处，例如心理素质过硬，找到了正确的方法应对压力，很擅长与人结交因而得到贵人相助等等。一言以蔽之，他们具有超强的心理复原力。所谓心理复原力，指的是个体在受到打击，或者遭遇逆境的时候，能够循序渐进地适应环境，恢复心理的良好状态。简而言之，心理复原力就是心理韧性。打个比方来说，人的心理就像回弹松紧带，有的松紧带回弹性好，即使被拉伸得很长，也能迅速地回缩，而有的松紧带回弹性不好，在被拉伸得很长之后，就无法迅速回缩，变成原样了。

如何评估自己和环境，就是认知，也就是压力产生的根

源。要想应对压力，首先要评估环境发生了什么变化，将会给自己带来怎样的影响。一旦评估环境需求充满压力，继而就要评估资源和个人能力。评估个人能力，关键在于评估自己是否具备相应的能力面对危机，又掌握了哪些可以利用的资源，有没有其他的选择。通常情况下，对自己进行评估不外乎以下四种结果，即有威胁的环境需求、有危害的环境需求、有损失的环境需求、有挑战的环境需求。通常情况下，前三种环境需求的压力大于最后一种有挑战的环境需求的压力。在有挑战的环境需求中，很多人都能积极地应对，从而把压力转化为动力。

通常，我们应该把压力解读为挑战，因为"挑战"意味着当下的压力情境将会造成怎样的后果，在某种程度上是能够预测的，所以压力发展的过程也在某种程度上也是能够控制的。当然，对于当下的压力事件，我们掌握了哪些信息，在很大程度上决定了压力事件的可预测程度。我们必须通过学习和积累经验才能获得这些信息，因而提高可预测性是没有捷径可走的。

总而言之，在现实的生活中，每个人都有可能面对各种各样的压力。对于那些可以预测的压力及其后果，我们可以预先做好充分的准备；对于那些突如其来的压力及其后果，我们则要有意识地提高心理韧性，这样才能保障控制感。与此同时，具有比较好的控制能力，还能够帮助我们对压力事件的未来发展趋势和走向做出预测。

那么，我们对于自己的人生究竟有多大的掌控能力呢？是能够绝对控制，还是在大多数时间里都能控制，抑或是无法控制自己对生活的掌控能力，甚至还有可能处于完全失控的状态？很多朋友认为这些问题太过宽泛和笼统，那么我们不妨把这些问题变得更加具体。例如，你能控制房间的整洁程度吗？你能决定自己几点起床吗？你能控制自己每天上班都不迟到吗？你能保证自己与同事和谐相处吗？你能坚持一日三餐都定时定量且营养均衡吗？你能保证自己每天都将坚持体育锻炼吗？你能坚持早睡早起，保持规律作息吗？

如果对于上述所有问题的回答都是肯定的，那么你基本上能够控制生活，这是可喜可贺的。从某种意义上来说，控制生活的确不难，但是坚持每天都把控生活，则是很难的。毕竟我们总有想偷懒的时候，也总有想彻底放纵自己的时候。尤其是在压力状态下，我们处于崩溃的边缘，又因为愤怒和冲动做出失控的事情，所以很可能看上去对于事情的发展和走向彻底失去掌控。然而，这只是表面现象。例如，很多人都认为无法控制上班路上是否堵车，其实，只要提前一段时间出门，就能完美地避开早高峰的堵车时段，毕竟堵车不同于突发事件，是可以预测的，也是可以评估的。再如，一旦出门晚了，那么就

选择放弃驾驶私家车出行，而改乘地铁，因为地铁是不会堵车的。如此一来，就能避免压力事件的发生。

对于很多事情，我们不是没有能力掌控，而是不愿意掌控。1954年，罗特提出了控制点理论，认为人格特点决定了一个人能否心甘情愿地、主动地控制生活。他认为，外控型人格者把一切都归结为外界的力量，因而消极地坚持个人不管采取什么行动都毫无作用；内控型人格者把一切都归结为自己的行为，所以积极地坚持只要主动采取行动，就能驾驭自己的人生。

显而易见，外控型人格者与内控型人格者处于一种人格特性的两个极端，大多数人并不位于这两个极端，而处于这两个极端之间。所以，有些人偏向外控型人格，而有些人则偏向内控型人格。在面对各种压力事件时，外控型人格表现得比较消极，认为自己无法控制各种事情的发生；内控型人格则表现得比较积极，认为只要主动采取行动就能拥有控制权。

很多人的适应性特别强，他们会灵活自由地在外控型人格和内控型人格之间切换，被称为“双控性人格”。面对那些能够控制的压力事件，他们会积极主动地改变自己，以适应外部环境；面对那些不能控制的压力事件，他们则选择接受现实，重新振作精神去面对未来。

无疑，生活中的很多压力事件都是特别复杂的，并不能简单地把它们归类为外控型或者内控型。但是，从心理学的角度来说，生活的方式是否健康，在很大程度上取决于一个人是倾向于外控型人格，还是倾向于内控型人格。

无论如何，我们都要努力地掌控人生。需要注意的是，掌控人生不但要关注人生大事，也要关注点点滴滴的小事。我们不可能一下子就获得完全的控制感，而是要从生活中的很多小事做起，渐渐地改变自己，也改变周围的环境。例如，先收拾干净自己的书桌或者是办公桌，我们就会感受到井然有序的魅力；在刚开始早起时也许会很困倦，随着渐渐养成早起的习惯，我们就会开始欣赏美丽的日出，也感受清晨的雨露。总之，只有从日常生活的琐事着手，我们才能渐渐地夺回控制权，成为生活的主宰者和驾驭者。

1886年，英国画家沃茨创作了油画《希望》。在这幅画作里，一个年轻的金发女子穿着单薄的衣服坐在金属球体上，而金属球体仿佛正漂浮在漫无边际的海面上。她的双眼都被蒙起来了，很可能不知道自己身在何处。她的左手握着一把木琴，木琴仿佛只剩下一根琴弦了。她的右手轻轻地拨动琴弦。看起来，她感到特别寂寞且无助，但是，她依然侧耳倾听琴弦的声音，而丝毫不在乎自己身在何处。看起来，这幅画面使人感到身陷绝境的绝望，但是只要认真想一想，我们就会从中感受到

强烈的希望。每个人都要学习画中的女子，哪怕已经远离温暖和光明，只要手还能动，就要奏响自己的琴声。

这幅画充分表现出控制生活的态度，即不管处于怎样的绝境中，不管沦落到怎样的困境中，我们都要寻找希望，都要掌控生活。除非我们主动放弃希望，否则我们就会拥有对于生活的控制权。

爱自己，爱他人

很多人都曾陷入爱的绝境无法自拔，最终逼得自己走投无路。从心理学的角度来看，对于任何人而言，一旦自尊被摧毁，必然导致灾难性的后果。所以，自尊在任何情况下都是极其重要的。自尊与自信的含义接近，都表达了肯定自我的价值。原本，自尊的人要自我肯定价值，但是现实生活中，很多人都过度依赖他人的评价，他们的自尊也建立在他人的评价基础上。

通常情况下，我们通过与环境进行互动形成自我认知，也以他人的评价为基础进行自我评价。然而，真正的自尊是我们对自己的信念和看法，应该独立于他人的评价，不会被他人的意见所控制。我们既可以不满自己的缺点和不足，也可以满足于自己在某些方面的能力。不管是为自己感到骄傲或自豪，还是感到不满或挑剔，都不会影响我们自认为是有价值的。众所周知，金无足赤，人无完人，我们每个人都要牢记这一点，做这个世界上独一无二的存在。

在社会生活中，哪怕被与别人比较，我们也应该无所畏惧。谁还没有缺点呢？谁还没有优点呢？我们要有一双善于发现的眼睛，既看到自己的缺点，也发现自己的闪光点，给予自己充分的肯定。正是因为如此，我们才能建立自尊，获得源源不断的力量。

在有充分自尊的前提下，我们才能深入了解自己，全面认知自己，最终做到全然接纳自己。在心理治疗中，自我认同是至关重要的。一个人必须无条件地接纳自己，才能拥有真正强大的内心。需要注意的是，大多数人都很容易接受自己的出色，却不愿意承认自己的不足。但是，每个人必须接受真实的自己，才能坚持完善自己，持续追求进步。当一个人能够做到高度自我认同，那么他非但不会因为接纳了真实的、不完美的自己就停滞不前，反而会拥有更加强大的力量坚持进取。他们知道自己正在变得更好，为此而满心欢喜，他们认可自己的进步，也怀着喜悦全盘接纳自己。一个真实的人从不刻意伪装自己，而是坚持表现出自己真实的模样，他们从来没有所谓的

人设。

那些设置虚假人设的人很害怕被他人发现真实的自己，所以时刻处于遮遮掩掩的状态下，既不能做到自我认同，也不敢以真面目示人。而真正做到自我认同的人，很乐于把自己的内在世界展示给其他人看，他们也始终秉承真诚的原则与人相处。对于他们而言，我就是我，不一样的烟火，没有什么好遮掩和隐瞒的。这样一来，哪怕与人相处的过程中出现尴尬，产生误解，他们也不会因此承受巨大的压力，只要把真实的情况告知他人即可。站在娱乐圈明星的角度来看，这样真实的做人完全没有偶像包袱和压力，内心也会轻松愉悦很多。

人要以自我认同为基础，才能做到自爱。自爱是一种更加强大的心理力量。一直以来，很多文学作品和影视作品都强调付出爱，爱他人，却很少深入探讨自爱的重要性。对于相爱的两个人而言，努力地为对方付出固然重要，尝试着理解对方的各个方面也很有必要，但是与这些事情相比，坚持自我、坚持自爱更加重要。在爱情中，任何一方迷失了，都会导致爱情无以为继。正如人们常说的，好的爱情让我们变得更美好，这就是体现了在爱情中坚持自爱的神奇魔力。

此外，在任何类型的人际关系中，我们都要先熟悉和了解自己，也要充分尊重和足够关注自己，还要尊重、理解且接纳自己的真实感受。例如，在爱人之间，在亲子之间，都要坚持这个原则。当父母懂得自爱，就会知道怎样才能更好地了解和引导孩子，使孩子拥有自我接纳和自我爱护的能力。当爱人懂得自爱，他们就会坚持自我，与此同时也允许对方活成理想的样子，而不是试图把对方改造成自己喜欢的样子。不管怎样，一个人不可能完全变成他人。所以我们要坚持走属于自己的人生道路，也要坚持用自己的眼睛看风景，用自己的脚去丈量人生的道路。

人类和世界上的万事万物一样，拥有自己独特的美丽和精彩。与其浪费宝贵的生命时光进行没有意义的横向比较，徒增苦恼，不如把自己与自己进行比较，看看今日的自己比起昨日的自己有何进步。在竞争激烈的社会上，我们都是战胜压力的幸运儿。既然如此，何不依然怀着美好的心灵过好这短暂的一生呢？每个人都要坚持自尊、自信与自爱，才能成为人生的掌控者，也才能活出真正的自己。

参考文献

[1] 崔正山.一生的心灵抚慰：增强心理免疫力的10堂课[M].合肥：黄山书社，2010.

[2] 屈志勇，李继娜.唤醒儿童心理免疫力[M].北京：北京师范大学出版社，2023.

[3] 张海峰，夏嗣莲.提高心理免疫力：自为心理成长法[M].北京：新华出版社，2023.

[4] 朱仲民.积极心理学视角下中小学生心理免疫力提升指南[M].上海：上海教育出版社，2020.